电子科技大学"十三五"规划研究生教育精品教材

卫星通信系统及应用

朱立东　李成杰　张　勇　骆忠强　编著

科学出版社

北　京

内 容 简 介

本书介绍卫星通信系统的基本理论、技术及应用，内容包括：卫星通信系统概述、通信卫星和地球站设备、链路计算、卫星通信的多址技术及典型应用、 VSAT 网及应用、卫星移动通信及典型系统、宽带卫星网络技术、卫星通信实际应用案例等。本书内容丰富、新颖，并注重基本概念和基本理论。书中理论联系实际，图表丰富，便于教学。

本书可以作为高等院校通信、电子、信息及相关专业研究生教材，也可作为通信工程技术人员的参考书。

图书在版编目(CIP)数据

卫星通信系统及应用/朱立东等编著. —北京：科学出版社，2020.6
（电子科技大学"十三五"规划研究生教育精品教材）
ISBN 978-7-03-065093-1

Ⅰ.①卫… Ⅱ.①朱… Ⅲ.①卫星通信系统–研究生–教材
Ⅳ.①V474.2

中国版本图书馆 CIP 数据核字(2020)第 080524 号

责任编辑：潘斯斯 张丽花/责任校对：王 瑞
责任印制：张 伟/封面设计：迷底书装

科学出版社 出版
北京东黄城根北街 16 号
邮政编码：100717
http://www.sciencep.com
天津市新科印刷有限公司 印刷
科学出版社发行 各地新华书店经销
*
2020 年 6 月第 一 版 开本：787×1092 1/16
2022 年 8 月第四次印刷 印张：10
字数：240 000
定价：68.00 元
（如有印装质量问题，我社负责调换）

前 言

卫星通信因其覆盖面积大、不受距离和地理条件限制等特点，得到了广泛的应用。卫星通信作为地面通信网的延伸和补充，组网灵活，能适应业务量和网络结构的动态变化。

本书从实际出发，结合当前卫星通信系统的发展现状，介绍了卫星通信系统基本架构，着重介绍了卫星通信系统的基本理论、技术及实际应用。

本书共分八章。第1章介绍卫星通信系统的特点、业务类型、工作频段及网络结构等。第2章介绍通信卫星和地球站设备，从具体应用出发，详细介绍地球站的组成、分类及性能参数等。第3章介绍卫星通信链路计算，包括卫星通信链路中的噪声及损耗，分析上行链路、下行链路及全链路的链路预算。第4章介绍卫星通信的多址技术，包括频分多址、时分多址、码分多址、空分多址及混合多址，通过实例说明卫星通信系统的典型多址方式。第5章介绍VSAT网及应用，包括VSAT网的组成、网络结构、电话网及VSAT网的设计方法。第6章介绍卫星移动通信关键技术、卫星信道模型及几个典型卫星移动通信系统，包括天通系统、Inmarsat系统及铱系统等。第7章结合宽带卫星网络的特点，介绍其中的关键技术，包括TCP/IP数据传输技术、TCP在卫星链路上的性能分析、标准增强机制及宽带卫星IP通信网络中的可靠传输技术。第8章介绍卫星通信系统的实际应用案例，包括卫星通信网络中的应急指挥通信车和美国卫星通信系统的军事应用案例。

本书适用于信息与通信工程专业研究生教学，也可作为大专院校相关专业师生及相关工程技术人员的参考用书。

本书第1章由朱立东编写，第2、7、8章由李成杰编写，第3、6章由张勇编写，第4、5章由骆忠强编写，全书由朱立东统稿。本书得到电子科技大学研究生院的支持资助。

鉴于编者水平有限，书中难免有不妥之处，欢迎读者不吝指正。

编 者

2019 年 11 月

目　　录

第1章　卫星通信系统概述

1.1　卫星通信的基本概念

卫星通信是指利用人造地球卫星作中继，实现两个或多个地球站之间或其他卫星通信终端之间的无线通信。人造地球卫星的转发器可以是透明转发，也可以是处理转发，前者具有滤波、变频、放大等功能，后者除了具备滤波、变频、放大等功能外，还可以进行星上处理，如解调/重调制、译码/重新编码、星上交换及路由等。人造卫星中继如图 1-1 所示。

图 1-1　人造卫星中继

1.2　卫星通信的特点

卫星通信覆盖范围大，既可以独立组网，也可以作为地面通信系统的延伸和补充。卫星通信具有以下特点。

(1) 覆盖面积大。如果是地球同步静止轨道(GEO)卫星，一颗卫星可以覆盖地球表面 42%的面积，理论上，3 颗 GEO 卫星就能覆盖地球表面除两极以外的其他地区。通信范围大，只要在卫星覆盖的范围内，任何两点之间都可进行通信。

(2) 传播时延长。由于卫星和地面终端之间的距离远，导致卫星通信的传播时延长。

(3) 链路传播损耗大。由于卫星和地面站距离远，使得星地链路自由空间传播损耗大。加上星地链路要穿过大气层，会产生链路附加损耗。

(4) 带宽大。和地面移动通信系统相比，卫星通信系统工作频段更高，可用带宽更大，频率资源更丰富。

(5)和地面通信网相对独立,网络路由简洁。

(6)可靠性较高,不易受陆地自然灾害的影响,只要设置地球站即可建立通信链路。

(7)可同时在多处接收,能经济地实现广播、多址通信。

1.3 卫星通信的业务及工作频段

1.3.1 卫星通信的业务

卫星通信主要包括三种类型的业务,分别是固定卫星业务(Fixed Satellite Service, FSS)、移动卫星业务(Mobile Satellite Service, MSS)、广播卫星业务(Broadcast Satellite Service, BSS)。

固定卫星业务是指固定通信站之间进行的卫星通信业务,是目前绝大多数常规通信卫星提供的业务类型,特别是对地静止卫星广泛提供了 VSAT 通信、电视直播到户、电视节目传输、应急通信等卫星通信服务。卫星固定业务主要使用 C、Ku 频段资源,而随着地面移动通信 IMT 系统对 C 频段的大量使用,Ku 频段已成为固定卫星业务拓展频谱资源的主要频段。然而,目前从全球范围来看,常规固定卫星业务在 Ku 频段的频率资源已经趋于饱和。

移动卫星业务是指地球表面上移动地球站或移动用户使用手持终端、便携终端、车(船、飞机)载终端,通过由通信卫星、关口站、系统控制中心组成的卫星移动通信系统实现用户或移动体在陆地、海上、空中的通信业务。

广播卫星业务是利用卫星发送,为公众提供的广播业务。卫星广播有两方面的业务应用,分别是广播业务和供作节目传送用的业务。广播业务是指大众能够直接收听卫星广播节目的业务。一般用于个体接收,国际上多用直接到户(Direct To Home, DTH)或直播卫星(Direct Broadcast Satellite, DBS)表示。在这种业务中,因为卫星转发器功率较大,多在 100~200W,所以接收天线可用小型天线,如用口径较小的抛物面天线,就可收听高画质的多频道卫星电视广播。供作节目传送用的业务多利用通信卫星传送电视节目内容,以供 CATV 台或地面电视台转播用。由于通信卫星转发器功率较小,多在 10W 至数十瓦之间,所以地面站的接收天线很大,多采用 2~5m 的抛物面天线。卫星广播中除了卫星电视广播之外,还有卫星数字音频广播。卫星数字音频无线电业务(Satellite Digital Audio Radio Service, SDARS)的一个典例应用是美国 World Space 公司利用 3 颗卫星覆盖全球的数字无线电广播系统,美国的 Sirius 和 XM 公司覆盖全美的 Satellite Radio 系统。

1.3.2 卫星通信的频段

卫星通信工作频段很宽,覆盖 UHF、L、S、C、Ku、Ka、EHF 等频段。

国际电信联盟(International Telecommunications Union, ITU)早在 20 世纪六七十年代,曾多次召开世界无线电行政大会,制定了分配空间应用频率的无线电规则,详细地划分了从特高频(UHF)一直到极高频(EHF)为各类卫星通信业务使用的工作频段。

ITU 定义用于卫星通信的频段有：UHF（Ultra High Frequency）频段，频率范围为 300MHz～3GHz，该频段对应于 IEEE 的 UHF（300MHz～1GHz）、L（1～2GHz）以及 S（2～4GHz）频段。UHF 频段无线电波接近视线传播，易被山体和建筑物等阻挡，室内的传输衰耗较大。SHF（Super High Frequency）频段，频率范围为 3～30GHz，该频段对应于 IEEE 的 S（2～4GHz）、C（4～8GHz）、Ku（12～18GHz）、K（18～27GHz）以及 Ka（27～40GHz）频段。EHF（Extremly High Frequency）频段，频率范围为 30～300GHz，该频段对应于 IEEE 的 Ka（27～40GHz）、V（40～75GHz）等频段。发达国家已开始计划，当 Ka 频段资源也趋于紧张后，高容量卫星固定业务（HDFSS）的关口站将使用 50/40GHz 的 Q/V 频段。1～2GHz 频段称为 L 频段，该频段主要用于卫星定位、卫星通信以及地面移动通信。

根据 ITU 的划分，卫星移动业务可使用以下频段：

（1）带宽为 34MHz 的 1626.5～1660.5MHz/1525～1559MHz 上下行频段，其中，1535～1559MHz 上行频段占据优先地位，下行频段为卫星移动业务专用。

（2）带宽为 7MHz 的 1668～1675MHz/1518～1525MHz 上下行频段（优先地位低于地面固定和移动业务）。

（3）带宽为 16.5MHz 的 1610～1626.5MHz 上行频段（占优先地位，其对应的下行频段为 S 频段 2483.5～2800MHz）。根据 ITU 的划分，卫星广播业务可使用带宽为 40MHz 的 1452～1492MHz 下行频段，其优先地位低于地面固定、移动和广播业务。Inmarsat 等使用 1525.0～1646.5MHz 频段，Thuraya 使用 1525～1661MHz 频段，铱星系统使用 1616.0～1626.5MHz 频段。很多国家将 1452～1492MHz 频段分配给数字声音广播业务，WorldSpace 卫星声音广播系统使用其中的 1468～1492MHz 频段。地面移动通信系统多工作于 800～900MHz 以及 1800～1900MHz 频段。此外，L 频段还被众多地面和航空等业务所使用。

2～4GHz 频段称为 S 频段，该频段主要用于气象雷达、船用雷达以及卫星通信。根据 ITU 的划分，卫星移动业务可使用以下频段：

（1）带宽为 30MHz 的 1980～2100MHz/2170～2200MHz 上下行频段。

（2）带宽为 16.5MHz 的 2483.5～2500MHz 下行频段，其优先地位均低于地面固定和移动业务。根据 ITU 的划分，卫星固定和移动业务可使用带宽为 20MHz 的 2670～2690MHz/2500～2520MHz 上下行频段，其优先地位低于地面固定和移动业务。根据 ITU 的划分：①卫星固定和广播业务可使用带宽为 15MHz 的 2520～2535MHz 下行频段（其优先地位低于地面固定和移动业务）；②卫星广播业务可使用带宽为 120MHz 的 2535～2655MHz 下行频段（其优先地位低于地面固定和移动业务）；③卫星固定和广播业务可使用带宽为 15MHz 的 2655～2670MHz 下行频段（其优先地位低于地面固定和移动业务）。Inmarsat 和 Eutelsat 将 1.98～2.01GHz/2.17～2.20GHz 频段用于卫星移动业务。美国 NASA 将 S 频段用于航天飞机和国际太空站与地面的卫星中继业务，FCC 将 2.31～2.36GHz 频段分配用于卫星声音广播。

卫星通信常用工作频段中，前边是卫星地球站向卫星传输的上行频率，后边是卫星向地球站传输的下行频率。例如，C 频段 6/4GHz，表示上行频率为 6GHz，下行频率为 4GHz。同时，实际工作频段与划分的频率范围略有出入。

卫星通信中使用 Ka 频段与 Ku 频段，与其他较低的频段相比，具有一些显著优势。Ka 频段不仅具有更多的可用带宽，而且与同类尺寸的低频段天线相比 Ka 频段天线具有更高的增益。

而尽管频谱资源在不断地向更高频段扩展，但有限的频谱资源始终是限制卫星通信发展的关键性因素。可以预见，随着越来越多的业务和应用在 Ka 频段广泛使用，频谱拥挤将使未来的 Ka 频段的业务发展变得十分困难。

卫星通信业务有卫星固定通信业务(FSS)和卫星移动通信业务(MSS)之分，它们所分配的频段也不同。FSS 使用 C 频段和 Ku 频段。MSS 使用 L 频段，工作在 Ku 频段的转发器原来大多是点波束的，20 世纪 90 年代，国际通信卫星组织(INTELSAT，简作 IS)开始的 Ku 星叫 ISK，提供较广的区域波束以适应需求。FSS 的 C、Ku 频段的频率划分如下(上行为地球站对卫星所用频率，下行为卫星对地球站所用频率)。

1) C 频段(MHz)

上行：5925～6425MHz，带宽 500MHz。

下行：3700～4200MHz，带宽 500MHz。

为扩展 FSS 使用的频谱，C 频段的频率划分自 1984 年 1 月 1 日开始调整如下。

上行：第 1 区 5725～7075MHz 带宽 1350MHz；第 2、3 区 5850～7075MHz，带宽 1225MHz；3400～4200MHz，带宽 800MHz。

下行：第 1、2、3 区，4500～4800MHz 带宽 300MHz。

2) Ku 频段(GHz)

上行：第 1、2、3 区 14.0～14.25GHz，带宽 250MHz；14.25～14.5GHz，带宽 250MHz。

下行：第 1、2、3 区 10.95～11.20GHz，带宽 250MHz；11.45～11.7GHz，带宽 250MHz。第 2 区 11.7～11.95GHz，带宽 250MHz；11.95～12.2GHz，带宽 250MHz。第 3 区 12.2～12.5GHz，带宽 300MHz。第 1、3 区 12.5～12.75GHz，带宽 250MHz。

根据 1992 年国际无线电行政大会(WARC-92)的频率分配，国际通信卫星组织于 2000 年 1 月 1 日可启用新分配的 13.75～14.0GHz(上行)，带宽 250MHz，以适应发展的需要。

C 频段的传输比较稳定，设备技术也成熟，但容易和同频段的地面微波系统相互干扰。卫星通信的上行链路干扰 6GHz 微波系统，下行链路受 4GHz 微波系统的干扰，这需预先协调并采取相应的屏蔽措施加以解决。规划频段与非规划频段之间的关系如图 1-2 所示。Ku 频段传输受雨雾衰减较大，不如 C 频段稳定，尤其雨量大的地区更是如此。如在上、下行链路的计算中留有足够余量，配备上行功率调节功能，也可获得满意效果。Ku 频段频谱资源较丰富，与地面微波系统的相互干扰小，其应用很有前途。

目前，C 和 Ku 频段已出现拥挤，FSS 将在 20～30GHz 的 Ka 频段开发业务，其频率如下。

上行：29.5～30GHz，带宽 500MHz。

下行：19.7～20.2GHz，带宽 500MHz。

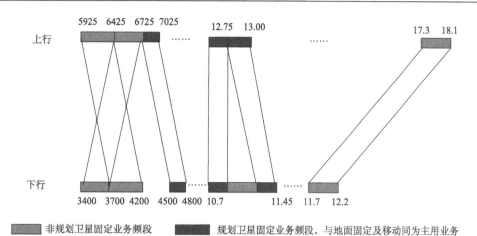

图 1-2　规划频段与非规划频段之间的关系

现阶段卫星通信发展的主要限制因素是频谱资源无法满足日益增长的新业务需求，造成了频谱拥塞和卫星干扰越来越严重。同时，卫星通信系统与地面移动通信系统之间对频谱资源的竞争也越来越激烈。

为了适应不断增加的带宽和数据速率需求，卫星通信系统需要从目前普遍使用的 C/Ku 频段（各有 500MHz 带宽）向频率更高的 Ka（2.5GHz 带宽）、Q/V（各有 10GHz 带宽）甚至更高的频段扩展。

近几年，卫星通信频谱资源扩展使用最广泛的是 Ka 频段，目前国际电信联盟为 Ka 频段的频谱使用划分为三个区：17.3～17.7GHz、17.7～19.7GHz 和 27.5～29.5GHz。

2015 年 11 月，在日内瓦召开的世界无线电通信大会决定，对于 C、Ku 或 Ka 频段的卫星固定业务、卫星移动业务和广播业务中，还没有完成全球统一的频段将被纳入新的 WRC-19 的议题，从中选择适合的频谱分配给未来的 IMT/5G 使用。

2016 年 2 月，在北京召开了国际电信联盟无线通信部门 5D 工作组（ITU-R-WP5D）会议，重点讨论了 5G 通信系统与卫星通信系统的频谱资源共存与分配问题，5G 系统在 6GHz 以下的候选频谱中，3400～3600MHz 和 4800～4990MHz 与目前的卫星固定业务之间存在一定的干扰问题。

6GHz 以上的频段将在 2019 年世界无线电通信大会（WRC-19）中展开讨论。未来的地面通信系统与卫星通信系统在高频段的频谱资源竞争将会更加激烈。

1.4　卫星通信系统的组成

卫星通信系统由空间段、控制段和地面段组成，其中空间段是指卫星平台及星上载荷，控制段由地面上对卫星进行控制和管理的设施组成，包括地面卫星控制中心、TT&C（跟踪、遥测、指令站），地面段包括信关站及各种类型的用户终端。卫星通信系统原理如图 1-3 所示，其中左边为发射端处理流程，右边为接收端处理流程。

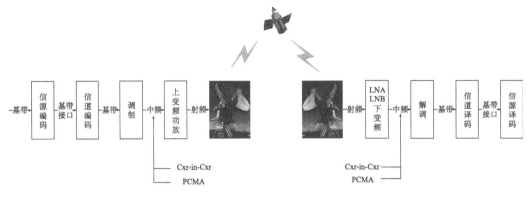

图 1-3 卫星通信系统原理框图

1.4.1 空间段

空间段是指卫星平台及星上设备，实物如图 1-4 所示。通常，不同的卫星载荷都会安装在卫星平台上。由于卫星重量、体积、功率受限，在给定卫星平台的前提下，需要优化配置星上载荷。

图 1-4 空间段实物

1.4.2 控制段

控制段包括卫星运行控制中心、测控系统等。卫星运行控制中心是指挥卫星工作的枢纽，同时也是卫星的地面指挥部。控制中心用数台计算机指挥和监视卫星的运行，负责向卫星发出各种指令，安排卫星工作程序，控制卫星运行姿态，指挥传感器工作及信息的传输，以及控制星载仪器与地面接收站的工作配合等。

卫星运行控制中心是卫星和地面应用系统运行指挥和调度的中枢，主要功能如下：

(1)制定运行计划，生成运行作业时间表，控制并指挥星地大系统的自动化运行。

(2)监视卫星工作状态，为确保卫星安全，对卫星进行星蚀、太阳直射等特殊管理。

(3)对地面设备进行状态监视和运行控制。

(4)对地面数据处理作业进行调度、监控，对产品质量进行监视。

中国西安卫星测控中心是中国功能齐全、技术先进的航天控制中心，如图 1-5 所示。该中心主要任务包括：对卫星、宇宙飞船等航天器进行跟踪测量；接收并处理航天器的遥测参数；对航天器进行控制，计算并确定航天器的轨道和姿态；回收航天器的返回舱；辅助运载火箭外弹道测量数据和遥测数据的事后分析处理；对在轨的航天器进行长期的运行管理；负责飞船的测控和回收。

图 1-5　中国西安卫星测控中心

1.4.3　地面段

地面段包括信关站及各种类型的用户终端。

卫星固定地面站通常使用抛物面天线，如图 1-6 所示。

图 1-6　卫星固定地面站天线

下面是卫星通信系统的典型终端。

1. 广播车载动中收单收站

顾名思义，该类单收站安装在车上，在车辆移动过程中，单收站可以正常接收卫星广播信号，实物如图 1-7 所示。需要注意的是，在安装该单收站及其天线时，不能破坏车辆的平衡，要保证车辆运行的安全性。

图 1-7   广播车载动中收单收站

2. 广播固定单收站

和广播车载动中收单收站相比，该类单收站安装在固定位置，接收卫星广播信号，实物如图 1-8 所示。从安装来看，只要选好地址，就可以进行安装。

图 1-8   广播固定单收站

3. "天通一号" 终端

"天通一号" 包括多种类型终端，如图 1-9 所示。其中单模机只支持一种工作模式，智能双模手机支持两种模式且可以智能切换，数据终端支持数据业务。

单模机   智能双模手机   数据终端

图 1-9   "天通一号" 终端

4. 海事卫星终端

海事卫星通信系统的 C 站产品包括：配置全向天线，内置 GPS（8 信道），支持电传、传真、电子邮件，采用包交换及存储转发技术。海用产品符合 SOLAS/GMDSS、遇险报警、EGC 接收的要求。海事卫星终端实物如图 1-10 所示。

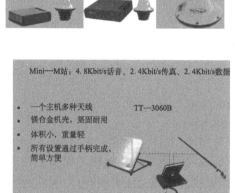
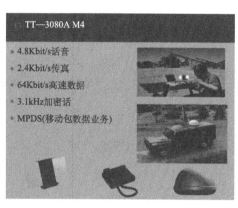

图 1-10　海事卫星终端

1.5　卫星通信的网络结构

卫星通信的网络结构包括星形网、网状网、混合网络。星形网是指所有的通信小站之间都需要通过主站进行中继，星上转发器只具有透明转发功能，需要两跳才能建立连接，网络拓扑结构呈星形。网状网是指星上转发器具有处理转发功能，任何两个小站之间可以直接建立连接，不需要通过主站中继，网络拓扑结构呈网状。混合网络是星形网和网状网的混合结构。

卫星通信系统星形网结构如图 1-11 所示。

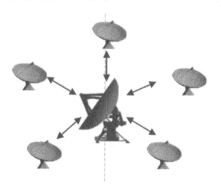

图 1-11　星形网结构

网状网的拓扑结构如图 1-12 所示。

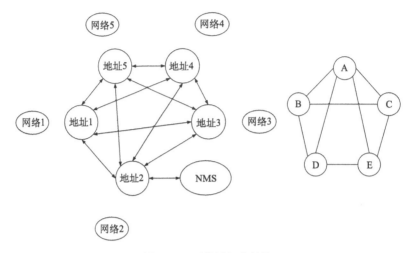

图 1-12　网状网拓扑结构

此外，星形网和网状网还可以灵活组合，形成灵活网络拓扑结构，如图 1-13 所示。全网状网络结构可以满足任意网络拓扑需求（如星状、网状及混合网等）。因此网络结构可以根据用户业务需求而灵活地转变，不需增加硬件设备。例如，在全网状网中去掉一些连接就可以变为星形网或树状网。

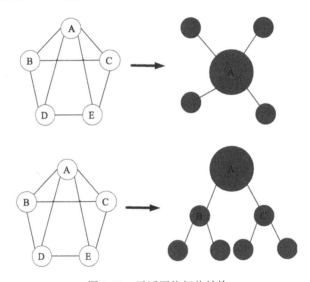

图 1-13　灵活网络拓扑结构

1.6　卫星通信的应用

卫星通信的客户主要包括政企客户和公众客户，如图 1-14 所示。

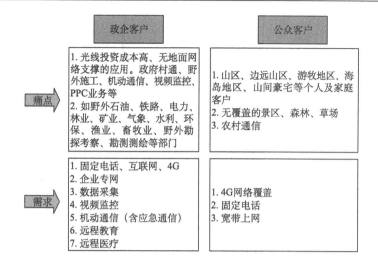

图 1-14　卫星通信的客户

卫星通信网络可满足政企在偏远及通信不发达地区在煤矿安全生产、港口码头、道路、水文、地质、森林防火、环境监测、农村等领域对视频、语音等信息的传输需求，特别在应急时指挥中心可快速接收到前方的实时图像。卫星通信主要有以下具体应用。

1.6.1　卫星通信在广播电视系统中的应用

目前，我国电视机的总量达到了约 3.5 亿台，电视媒体机构达到了数千家，有线电视用户达到了约 9000 万户。但是，如果了解一下其他发达国家的电视媒体情况便会发现，我国如今的广播电视业总体规模偏小，有极大的发展空间。我国现在的广播电视系统多是以光缆为基础通信方式，然而以卫星通信技术为主的发展状况其实是十分可观的。就用户所收到的电视节目数量而言，如今已经广泛推广的"村村通"电视节目也只有 44 套。就设备的拥有量和应用程度而言，我国的接收设备也只有百万台。所以，在未来，卫星直播电视将在我国电视技术发展中占据主要的地位。相关领域的专家认为，我国已经具备发展卫星电视直播技术的能力。通过"村村通"所取得的成就，在广大农村用户中已经得到了印证。在我国，将卫星通信技术广泛地应用于广播电视系统可以进一步提高信息的人口覆盖率。可以预测，我国的广播电视节目已经从现在的几十套跨越到了上百套，以至于几百套的广播电视节目，并将进入寻常的千家万户中。

1.6.2　无线电信号中继

这类卫星有国际通信卫星、国内通信卫星、军用通信卫星、海事卫星、广播卫星、跟踪和数据中继卫星、搜索营救卫星等。这些卫星上装有工作在各种频段的转发器和天线，转发来自地面、海上、空中和低轨道卫星的无线电信号，用于传输电话、电报、电视广播节目和数据。这类卫星大部分运行在静止轨道上，还有一些采用大椭圆轨道。

1.6.3   应急通信业务

随着国内应急处理需求的日益增长，应急卫星通信逐步显露出巨大的应用优势。特别是在偏远、强地质灾害环境下，在失去地面依托的情况下，一个独立的卫星通信站就可完成包括语音、图片、视频的传递，而且可以保证广播级的现场图像。这是其他任何一种通信手段都无法匹敌的。应急通信的要点在于便携机动性、实时性、高质量，必须满足使用小型天线(1m 直径以下)，低耗电，设备体积要小，各站能支持从 8Kbit/s 到2Mbit/s 的速率。由于基于时分多址(Time Division Multiple Access，TDMA)的 DVB－S/RCS 系统无法支持这样的条件，一般均采用连续波 MCPC/PSMA(Multiple Channels Per Carrier/ Packet Switching Multiple Access)的卫星系统。

1.6.4   恶劣环境中的应用

恶劣环境中的应用主要是指边防、戈壁、沙漠、海岛等无地面通信设施情况下的应用。因为在这类地区，地面光缆、微波接力这一类的通信手段是不具备条件的，而且这类应用要求的带宽也不是很大，仅需提供语音、普通图像的传递，这也是甚小孔径终端(Very Small Aperture Terminal，VSAT)技术能迅速发展起来的原因。

海岛通信作为海洋海事通信的一部分，其发展相对落后，技术比较传统。做好海岛通信是国家对于"互联网+海洋"战略的重要基础。发展海岛通信，必须要注重其实际情况，要因地制宜，对于面积稍小的海岛应注重卫星通信所具有的无缝覆盖能力、移动化、不受地理条件限制的便利性，重点发展宽带卫星通信；而对于面积较大的海岛应以"光缆通信为主，宽带卫星通信为辅"的思想来建设，充分发挥光缆通信稳定、快速的特点，同时利用卫星通信做好应急通信的任务。未来的海岛通信将成为地下光缆通信、地面无线通信和卫星通信相结合的一体化综合信息网。

1.6.5   数据采集

利用卫星通信系统可针对政企客户构建一张业务通信网络，保障政府办公、石油勘探、电力、水力、林业、煤矿等单位的数据采集和分发。矿山数据采集采用小站回传数据的倒星形网，小站回传的数据量小，属于小数据业务，仅有入境业务，没有出境业务，使用小于 64Kbit/s 的载波。MCPC/PSMA 的系统最小载波可到 8Kbit/s，有带宽占用较小、延时低的优点。比较起来，基于 TDMA 的 DVB－S/RCS 系统的宽带出境 DVB 载波，毫无用处；回传载波最小为 256Kbit/s，又过于浪费带宽，不宜使用。

1.6.6   油田通信和管道监控

油田通信和管道监控考虑固定天线和跟踪天线式应用，跟踪天线式应用又包括半自动跟踪和全自动跟踪。

固定天线式卫星通信主要应用在海上固定式采油平台、自升式钻井平台以及陆地端站上，是一种常规的卫星通信应用。固定式采油平台及自升式钻井平台主要以 3.7m C 波段的卫星天线为主，Ku 波段卫星天线为辅。卫星中心站使用的是大口径卫星天线来承载卫星通信业务。固定天线式在中国海洋石油集团有限公司(以下简称中海油)是最早采用的卫星通信应用,也是中海油目前最成熟的卫星通信应用,中海油曾将直径为 12m 的天线用于卫星主站。

半自动跟踪天线主要应用于中海油自升式钻井平台,天线以 C 波段的半自动跟踪天线为主。由于工作环境需求,自升式钻井平台需要经常更换钻井位置,期间钻井平台需要拖航至新的目的地,使用固定式卫星天线则需要经常性地对天线的方位角及俯仰角进行调整,且拖航期间无法使用。采用半自动跟踪天线可以在拖航期间自动寻星,主要缺点是无法 360° 旋转,实现不了全自动跟踪,有时需要人工进行干预。

自动跟踪天线 C 波段主要以美国的 SEATEL 的 97 型全自动跟踪天线以及西安盘古通信技术有限公司的全自动跟踪天线为主;Ku 波段主要以 SEATEL 的 4006 自动跟踪天线以及国内的一些动中通天线为主。中海油海上半潜式钻井平台一般以 C 波段的自动跟踪为主要的卫星通信,南海 9 号钻井平台所使用的自动跟踪天线卫星系统经过测试能够提供 4Mbit/s 以上的链路带宽。Ku 波段的自动跟踪天线主要应用于海上的移动船舶,包括拖轮及勘探船,这些移动船舶受限于天线的安装场地要求,而且对链路带宽要求不大,Ku 波段的自动跟踪天线非常适合在这类环境使用。

1.6.7　军事应用

卫星通信较短波、超短波通信具有更大的覆盖范围和通信容量,保证战场信息的实时传递,在战争中发挥了非常重要的作用。随着技术的发展,在军事对抗中需要处理越来越多的信息,要求军用卫星通信具有容量大、信息传输速率高、抗干扰、抗截获的能力,需要发展新技术。

1.7　习　　题

1. 简述卫星通信系统的组成及功能。

2. 分析卫星通信系统的特点。

3. 对于透明转发卫星通信系统,地球站 A 和 B 通过信关站 C 建立连接,假设 A 和卫星之间的距离为 38500km,B 和卫星之间的距离为 40500km,C 和卫星之间的距离为 3700km,A 和 B 之间的距离为 2000km,求 A 和 B 通信时延。

4. 当卫星轨道高度为 35786km 时为地球同步静止轨道,这种说法是否正确?

5. 分析卫星通信系统的频率规划及使用情况。

6. 举例说明卫星通信的应用。

第2章 通信卫星和地球站设备

2.1 通信卫星的分类

卫星移动通信系统的分类方式有多种，常见的分类方式有：按应用场景分类，按使用频率分类，按服务区域分类，以及按工作轨道分类。

1. 按应用场景分类

卫星移动通信系统，按应用场景可分为海事卫星移动系统（Maritime Mobile Satellite Service，MMSS）、航空卫星移动系统（Aeronautical Mobile Satellite Service，AMSS）和陆地卫星移动系统（Land Mobile Satellite Service，LMSS）。海事卫星移动系统主要用于海上通信业务，为海上救援提供通信保障。航空卫星移动系统主要用于飞机和地面之间通信，为机组人员和乘客提供话音和数据通信。陆地卫星移动系统主要用于地面车辆的通信。

2. 按使用频率分类

卫星移动通信系统，按照该卫星所使用的频率范围可将卫星划分为 L 波段卫星通信系统和 Ka 波段卫星通信系统等。

3. 按服务区域分类

卫星移动通信系统，按服务区域划分，有全球卫星通信系统、区域卫星通信系统和国内卫星通信系统。全球卫星通信系统需要很多卫星组网形成，服务区域遍布全球的通信卫星。区域卫星通信系统通常为某一个区域提供通信服务。国内卫星通信系统范围一般更窄，仅限于国内使用。

4. 按工作轨道分类

卫星移动通信系统，按使用轨道可分为静止轨道（Geostationary Earth Orbit，GEO）卫星移动通信系统、中轨道（Medium Earth Orbit，MEO）卫星移动通信系统、低轨道（Low Earth Orbit，LEO）卫星移动通信系统和高椭圆轨道（Highly Elliptical Orbit，HEO）卫星移动通信系统。

静止轨道卫星移动通信系统的轨道离心率和轨道倾角均为零，运动周期与地球自转周期吻合，为 23 小时 56 分 04 秒，距地面 35786.6 km，目前可提供业务的 GEO 卫星移动通信系统有 INMARSAT 系统、北美的 MSAT 系统、澳大利亚的 Mobilesat 系统。理论上，用三颗 GEO 轨道卫星即可以实现除两极地区以外的全球覆盖，并且 GEO 轨道卫星系统技术最为成熟。但是，GEO 卫星传播时延较长，链路损耗较大，需采用大尺寸星载天线，严重影响了在卫星移动通信领域的应用。

MEO 卫星移动通信系统距地面 2000～20000km，兼有 GEO、LEO 两种系统的优缺点，是同步卫星系统和低轨道卫星系统的折中，典型的系统有 Odyssey、AMSC、INMARSMT—P 系统等。

LEO 卫星移动通信系统距地面 500～2000km，具有传输时延短，可支持多跳通信，路径损耗小，降低了对卫星和用户终端的要求，可以采用微型(小型)卫星和手持用户终端等优点，并且避开了静止轨道的拥挤。但是由于轨道低，每颗卫星所能覆盖的范围比较小，要构成全球系统需要卫星数量较多，如铱星系统有 66 颗卫星、Globalstar 有 48 颗卫星。同时，由于低轨道卫星的运动速度快，卫星间或波束间切换频繁，LEO 系统的技术难度大、建设成本高。目前典型的 LEO 系统有 Iridium、Globalstar、Orbcomm 等。

LEO 系统距地面 300～1500km，卫星的轨道高度低使得传输延时短，路径损耗小。数十颗以上低轨卫星组网，可以满足特定区域的覆盖，为这些地区的用户提供移动通信业务。

卫星通信系统也可以按照通信范围分为国际通信卫星、区域性通信卫星、国内通信卫星。按照用途分为综合业务通信卫星、军事通信卫星、海事通信卫星、电视直播卫星等。

2.2　通信卫星的轨道

目前，通信卫星已经成为在轨数量最多的航天器，各国已将通信卫星与经济发展、社会服务、军事国防等领域密切关联。从卫星发射到卫星在轨道上运行工作，一直到卫星的寿命结束，卫星质心的运行轨迹，称之为人造地球卫星轨道。

2.2.1　卫星轨道的分类

卫星轨道即卫星的飞行轨迹，有四种分类方法：按卫星轨道的倾角大小分，按卫星轨道的偏心率不同分，按轨道的高度分，按卫星轨道的重复特性分。

1. 按卫星轨道的倾角大小分

卫星轨道的倾角是指卫星轨道面与赤道平面的夹角，如图 2-1 所示，按卫星轨道的倾角大小，卫星轨道可以分为以下几种。

(1)赤道轨道：轨道面与赤道面重合，轨道倾角为 0°。

(2)极轨道：轨道平面通过地球两极，与赤道平面垂直，轨道倾角为 90°。

(3)顺行轨道：轨道倾角介于 0°和 90°之间，送入顺行轨道的卫星运载火箭发射方向需要偏东，这样可以利用地球自西向东自转的一部分速度节省运载火箭的能量。

(4)逆行轨道：轨道倾角介于 90°和 180°之间，送入逆行轨道的卫星运载火箭发射方向需要偏西，这样不仅不能利用地球自转速度来节约运载火箭的能量，还要付出额外的能量去克服一部分地球自转速度。

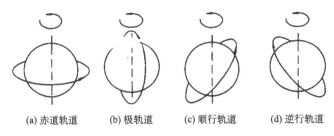

　　(a) 赤道轨道　　　(b) 极轨道　　　(c) 顺行轨道　　　(d) 逆行轨道

图 2-1　不同倾角的卫星轨道

　　2. 按卫星轨道的偏心率不同分

　　卫星轨道偏心率的计算公式为：$e = \sqrt{1 - \left(\dfrac{b}{a}\right)^2}$，卫星轨道按偏心率不同可分为以下几种。

　　(1) 圆轨道：偏心率为 0 的轨道，有时偏心率接近零的近圆轨道，也称为圆轨道。

　　(2) 椭圆轨道：偏心率在 0 和 1 之间的轨道。

　　(3) 抛物线轨道：偏心率为 1 的轨道。

　　(4) 双曲线轨道：偏心率大于 1 的轨道。

　　全球卫星通信系统多采用圆轨道，可以均匀覆盖南北半球区域。若覆盖区域相对于赤道不对称或覆盖区域纬度较高，则宜采用椭圆轨道。

　　3. 按卫星轨道的高度分

　　卫星轨道按照高度分，可以分为低轨道(LEO)、中轨道(MEO)、高椭圆轨道(HEO)和地球静止轨道(GEO)。

　　4. 按卫星轨道的重复特性分

　　卫星星下点是卫星瞬时位置和地球中心的连线与地球表面的交点。卫星按轨道重复特性分，可以分为以下几种。

　　(1) 回归轨道：卫星星下点轨迹在一日内重复的轨道，此时，地球自转周期与回归轨道周期的比值为整数。

　　(2) 准回归轨道：卫星星下点轨迹间隔 N(整正数)日后重复的轨道，回归轨道是当 $N=1$ 时的特殊情形。

　　(3) 非回归轨道：卫星星下点轨迹不周期性重复的轨道。

　　例如，轨道高度为 13892km，轨道倾角 60°，初始位置(0°E，0°N)的卫星 24h 的星下点轨迹。

　　在地球自转的过程中，如果卫星沿着椭圆轨道绕地球运行，其后一圈运行的星下点轨迹一般不与前一圈运行的星下点轨迹重合。沿椭圆轨道运行的卫星在某一圈运行的星下点轨迹由以下方程决定：

$$\varphi_s = \arcsin(\sin i \cdot \sin \theta) \tag{2-1}$$

$$\lambda_s = \lambda_0 + \arctan(\cos i \cdot \tan \theta) - \omega_e t \pm \begin{cases} -180°(-180° \leqslant \theta < -90°) \\ 0°(-90° \leqslant \theta \leqslant 90°) \\ 180°(90° < \theta \leqslant 180°) \end{cases} \tag{2-2}$$

式中，φ_s 表示星下点的地心纬度；λ_s 表示星下点的地心经度；λ_0 表示升节点的经度；θ 表示 t 时刻卫星与升节点之间的角距（从升节点开始度量，顺行方向取值为正，逆行方向取值为负）；t 表示飞行时间；ω_e 表示地球自转角速度；$\pm$ 号分别用于顺行和逆行轨道。

卫星运动的速度和轨道周期分别为

$$V_s = \sqrt{\frac{u}{R_e + h}}, \quad T_s = 2\pi\sqrt{\frac{(R_e + h)^3}{u}} \tag{2-3}$$

式中，u 为开普勒常数，$u=398601.58 \times 10^9 \dfrac{m^3}{s^2}$。$e$ 是地面上的通信终端对卫星的仰角，表达式为

$$e = \arccos\left[\frac{R_e + h}{s} \cdot \sin\gamma\right] \tag{2-4}$$

星下覆盖区对应的地球中心角 γ（覆盖地心角）表达式为

$$\gamma = \arccos\left[\frac{R_e}{R_e + h} \cdot \cos e\right] - e \tag{2-5}$$

S 是终端到卫星的距离，表达式为

$$S = \sqrt{R_e^2 + (R_e + h)^2 - 2 \cdot R_e \cdot (R_e + h) \cdot \cos\gamma} \tag{2-6}$$

用户到卫星的传播时延为

$$\tau_p = \frac{S}{c} \tag{2-7}$$

地球表面上，卫星的覆盖区域面积为

$$A = 2\pi \cdot R_e^2 \cdot (1 - \cos\gamma) \tag{2-8}$$

卫星在地面上的覆盖半径为

$$X = R_e \cdot \sin\gamma \tag{2-9}$$

卫星在地球上覆盖的弧长为

$$l = 2 \cdot R_e \cdot \gamma \tag{2-10}$$

用户可以通信的轨道弧长为

$$L = 2(R_e + h) \cdot \gamma \tag{2-11}$$

用户可以与卫星通信的最长时间为

$$T_s = \frac{L}{v_s} \tag{2-12}$$

例 2-1　卫星绕地球做圆轨道运动，假设地球半径为 6356.755km，系统要求用户终

端的最小仰角为 10°，卫星距地面的高度为 785km，求

(1) 单颗卫星的覆盖区域面积；

(2) 用户到卫星的传播时延；

(3) 用户可以与卫星通信的最长时间。

解：$R_e = 6356.77$km，$e = 10°$，$h = 785$km，这里 e 是地面上的通信终端对卫星的仰角，星下覆盖区对应的地球中心角 γ 覆盖地心角为

$$\gamma = \arccos\left[\frac{R_e}{R_e + h}\cos e\right] - e$$

覆盖区面积为

$$A = 2\pi \cdot R_e^2 (1 - \cos\gamma)$$

S 是终端到卫星的距离，表示为

$$S = \sqrt{R_e^2 + (R_e + h)^2 - 2R_e \cdot (R_e + h) \cdot \cos\gamma}$$

用户到卫星的传播时延为

$$\tau_p = \frac{S}{c}$$

用户可以通信的轨道弧长为

$$L = 2(R_e + h) \cdot \gamma$$

用户可以与卫星通信的最长时间为

$$T_s = \frac{L}{v_s}$$

因此，

(1) 单颗卫星的覆盖面积：

$$A = 2\pi R_e^2 (1 - \cos\gamma) = 1.35 \times 10^7 (\text{km}^2)$$

(2) 用户到卫星的传播时延：$\tau_p = S / c = 7.8$ms。

(3) 用户可以与卫星通信的最长时间：$T_s = L / v_s = 626$s。

例 2-2 有一个由 N 颗地球静止轨道卫星组成的通信系统，已知静止轨道卫星高度 $H = 36000$km，假定地球站天线最小仰角 $E_{\min} = 20°$。为使该通信系统能够完全覆盖地球赤道，问至少要有多少颗卫星？

解：轨道半径 $a = 6356.755 + 35785 = 42141.755$ (km)。

由正弦定理：

$$\frac{\sin(20 + 90)}{a} = \frac{\sin\alpha}{R_e}$$

得 $\sin\alpha = 0.1417$，$\alpha = 8.149°$

$$\theta = 180° - 8.1419 - 20° - 90° = 61.85°$$

$$N = \frac{360°}{2\theta} = \frac{180°}{61.85°} = 2.91$$

所以，至少取 3 颗卫星。

2.2.2 卫星的轨道要素

以单颗卫星为例讨论卫星轨道，如图 2-2 所示，会考虑以下几要素。

轨道平面倾角 i，轨道的半长轴 a，轨道的偏心率 e，升节点位置 Ω，近地点幅角 ω 和卫星初始时刻的位置 $\omega + \nu$。

（1）轨道平面倾角 i：轨道平面与赤道平面的夹角。

（2）轨道的偏心率 e：在椭圆轨道中，为两个焦点之间的距离与长轴之比。

（3）升节点位置（又称为升交点赤经）Ω：表示从春分点到地心的连线和从升节点到地心的连线之间的夹角。

（4）近地点幅角 ω：表示从升节点到地心的连线与卫星近地点和地心连线的夹角。

（5）卫星初始时刻的位置 $\omega + \nu$：卫星在初始时刻到地心的连线与升节点到地心连线之间的夹角，其中 ν 表示初始时刻卫星在轨道内的幅角（从升节点位置开始计算）。

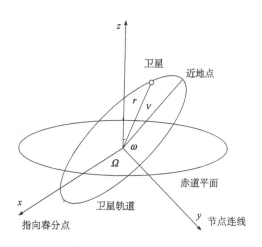

图 2-2　卫星轨道参数图

在以上要素中，对于椭圆轨道，轨道平面在惯性空间的位置是由轨道倾角和升节点位置决定的，轨道在轨道平面内的指向是由近地点幅角决定的，轨道的大小和形状是由轨道半长轴和轨道偏心率决定的。对于圆轨道，只需要四个轨道参数，即轨道高度、轨道倾角、升节点位置和某一特定时刻卫星在轨道平面内距升节点的角距。

2.3　通信卫星的覆盖

在卫星通信系统中，星上天线波束形状及波束中心指向是决定卫星覆盖范围的重要因素，当星上天线波束形状不同及波束中心指向不同时，卫星覆盖地球表面的范围也就不同。

2.3.1　天线波束的类型

常见的天线波束类型有四种：全球波束、半球波束、区域波束和点波束。以轨道高度为 35786.6km 的静止轨道卫星为例，静止轨道卫星大约可覆盖地球表面 1/3 以上的区域（南北纬 75°以上的地区不能覆盖）。

静止轨道卫星对地球边缘的张角为 17.34°，张角为 17.34°的波束称为全球波束（或覆盖波束）。全球波束天线常用喇叭抛物面天线或圆锥喇叭天线。半球波束天线的波束宽度在东西方向上约为全球波束的一半，一般覆盖一个洲。区域波束又称赋形波束，是通过控制馈源的排列来获得各种不同形状的，宽度小于半球波束，只覆盖地面上一个大的通信区域，如一个国家或地区。点波束的波束截面为圆形，照射范围很小，在地球上的覆盖区也近似圆形。点波束常用对称反射面天线来产生。

目前，全球波束在地球表面覆盖的面积约占整个地球表面积的 42.4%，由于半球波束和区域波束形状没有规律，所覆盖的表面积无法计算，点波束的覆盖表面与波束宽度有关，其覆盖面积随地球纬度而变化，具体参数见表 2-1。

表 2-1　点波束宽度与相应的覆盖表面积

天线波束宽度/(°)	覆盖地球表面积/km²	天线波束宽度/(°)	覆盖地球表面积/km²
10	10155	1.0	1015
5.7	5788	0.57	577
2.8	2893		

2.3.2　全球波束覆盖区

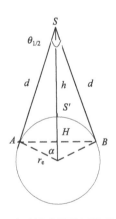

图 2-3　全球波束覆盖区的几何关系

全球波束在地球表面上覆盖区，如图 2-3 所示，卫星的全球波束宽度 $\theta_{1/2}$，即卫星的最大视角为

$$\theta_{1/2} = 2\arcsin\frac{r_0}{r_0 + h} \tag{2-13}$$

波束覆盖地球表面积为

$$\begin{aligned}
\text{area} &= 2\pi r_{\mathrm{e}} H = 2\pi r_{\mathrm{e}}(r_{\mathrm{e}} - r_{\mathrm{e}}\cos\alpha) \\
&= 2\pi r_{\mathrm{e}}\left(r_{\mathrm{e}} - r_{\mathrm{e}}\frac{r_{\mathrm{e}}}{r_{\mathrm{e}} + h}\right) = 2\pi r_{\mathrm{e}}^2\frac{r_{\mathrm{e}}}{r_{\mathrm{e}} + h}
\end{aligned} \tag{2-14}$$

覆盖区边缘所对的最大地心角为

$$\angle AOB = 2\alpha = 2\arccos\frac{r_{\mathrm{e}}}{r_{\mathrm{e}} + h} \tag{2-15}$$

卫星到覆盖区边缘的距离为

$$d = (r_{\mathrm{e}} + h)\sqrt{1 - \left(\frac{r_{\mathrm{e}}}{r_{\mathrm{e}} + h}\right)^2} \tag{2-16}$$

例 2-3　以静止轨道卫星为例，求静止轨道卫星的最大视角、覆盖区边缘所对的最大地心角、卫星到覆盖区边缘的距离以及波束覆盖地球表面积的比例？

解：$\theta_{1/2} = 2\arcsin\dfrac{r_0}{r_0+h} \approx 17.34°$

$$\angle AOB = 2\arccos\dfrac{r_e}{r_e+h} \approx 162.6°$$

$$d = (r_e+h)\sqrt{1-\left(\dfrac{r_e}{r_e+h}\right)^2} \approx 41700(\text{km})$$

$$\frac{\text{area}}{\text{area}_e} = \frac{2\pi r_e^2 \dfrac{r_e}{r_e+h}}{4\pi r^2} \approx 42.4\%$$

2.4　通信卫星的组成

在卫星通信系统中卫星是系统的核心，在卫星上，除了通信系统的载荷外，还必须有电源系统、控制系统、遥测指令系统和温控系统，其组成如图 2-4 所示。

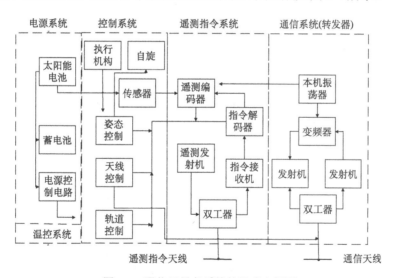

图 2-4　通信卫星各系统的组成方框图

静止轨道卫星的通信系统是由几个信道转发器互相连接而组成，转发器的作用是把接收到的微弱信号经过放大之后重新发射（转发）。为了减小转发器中上、下行线路之间的干扰，上、下行信号频率数值是不相同的，因此，在转发器内要进行频率变换，如图 2-5 所示。从接收天线传来的 6GHz 信号依次经过前置放大器、混频器、滤波器和放大器，然后经可控衰减器，又通过滤波器后送到由 5～6 级晶体管组成的放大器，最后输出送往发送天线。

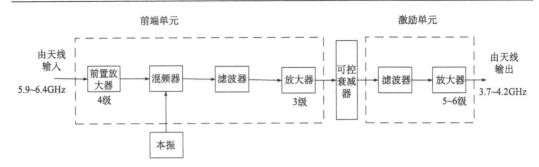

图 2-5　卫星转发器的简化方框图

2.4.1　控制系统

在控制系统模块中，包括位置控制系统和姿态控制系统两部分。

1. 位置控制系统

位置控制系统由装在卫星轴向和横向的气体喷射装置组成。以静止轨道卫星为例，如果卫星相对于地球的位置发生漂移，通信就不能正常进行，此时，卫星的遥测装置会给地球控制中心发一个信号，控制中心通过遥控装置启动卫星上的位置控制系统，使卫星回到原定的位置。

2. 姿态控制系统

在卫星运行的过程中，姿态控制也是必须要求的，合理的卫星姿态会影响卫星上的定向通信天线是否指向通信覆盖区，保证通信质量，还会影响太阳能电池表面是否朝向太阳，保证卫星的电能供应。

2.4.2　天线系统

天线系统是通信卫星上所有天线的总称，用来完成卫星对信号的接收和发射任务。通信卫星天线系统由通信天线和遥测指令天线两部分构成，其作用与地面通信设备中的天线是一致的。

由于卫星功率受限、处理能力受限，以及所处环境特殊的特点，卫星天线与地面天线相比较具有体积小、质量轻、天线材料耐高温和辐射、增益高，且天线波束永远指向地球等特点。

2.4.3　遥测指令系统

指令信号由地球的控制站发出，在卫星转发器内被分离出来，经检波、解码后送至控制设备实施指令，包括遥测指令系统和遥控指令系统两部分。

1. 遥测指令系统

遥测指令系统的作用是在地球的控制站能够测试卫星上各种设备工作情况的系统。

卫星向地球控制站传送的信号主要包括星上各种设备的电流、电压、温度等工作状态的信号，以及来自各传感器的信息，用来实时监测星上设备的工作状态。

2. 遥控指令系统

遥控指令系统主要完成以下几方面的工作：①对卫星进行姿态和位置控制所用的喷射推进装置进行点火；②行波管高压电源的开、关；③发生故障的部件与备用部件的转换等。

2.4.4　电源系统

通信卫星用的电源有太阳能电池和化学电池两种。太阳能电池是由光电器件组成，直接输出的电压是不稳定的，必须经电压调整后才能供给负载，是通信卫星的基本电源。通常在通信卫星使充、放电的化学电池与太阳能电池并用，化学电池作为太阳能电池的备用电源，如在日食期间，太阳能电池不能使用，此时由化学电池供电，不过化学电池的充电也是由太阳能电池在没有日食的情况下完成的。

2.4.5　温控系统

温度控制系统简称温控系统，是使得卫星内的温度保持恒温的控制系统。由于卫星围绕地球旋转，卫星在面向太阳和背向太阳温差特别大，并且卫星内部也会由于设备的使用而使得温度上升，但是卫星内很多设备必须要求恒温，否则影响通信质量，如本振，因此卫星必须要有温度控制系统控制卫星内部温度。

2.5　卫星通信地球站

卫星通信地球站(Earth Station)是指处于地球表面的通信站，其功能是指在保证信号质量的前提下，以最佳的性价比和最可靠的方式完成与卫星的通信。卫星通信地球站主要业务为电话、电报、传真、电传、电视和数据传输。

2.5.1　地球站的组成和分类以及性能参数

1. 地球站的组成

通常情况下，不同通信体制的地球站具有不同的组成部分，基本组成部分包括：天线系统、发射系统、接收系统、信道终端设备、遥测跟踪、监控系统和电源系统，卫星通信地球站的组成示意图如图 2-6 所示。各个基本组成单元的功能如下。

（1）天线系统：主要负责发送信号、接收信号和卫星的跟踪任务。

（2）发射系统：将终端系统送来的基带信号进行调制，再经上变频和功率放大后经过天线发送给卫星。

（3）接收系统：将天线系统接收到的从卫星传来的微弱信号进行放大、下变频和解调后的基带信号送至终端系统。

（4）终端系统：主要负责两方面的任务，一是处理经地面接口线路传来的各种用户信令，形成适合卫星信道传输的基带信号；二是将接收系统收到并解调的基带信号进行与上述相反的处理，再经地面接口线路送到各有关用户。

(5) 监控系统：用于设备的监控，在设备出现故障时能及时处理和维护。

(6) 电源系统：给通信系统中所有设备进行供电，包括辅助设备。

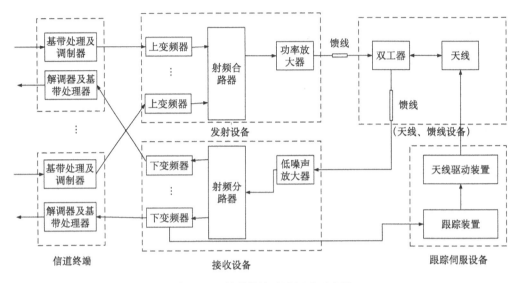

图 2-6 卫星通信地球站组成示意图

2. 地球站的分类

地球站的分类方式有多种，可以按安装方式、传输信号特征、业务性质及用途进行分类。

按地球站安装方式分为固定地球站、移动地球站和可搬动地球站。固定地球站的站址是固定的；移动地球站是指在移动中通过卫星完成通信的地球站，通常安装在车、船或飞机上；可搬动地球站主要强调其便携性，是可以快速启动卫星通信的地球站。

按信号传输特征可分为模拟地球站和数字地球站。按业务性质可分为遥测遥控跟踪地球站和通信业务地球站。按用途可分为军用通信站、民用地球站、气象卫星地球站、航空地球站、航海地球站、导航通信地球站、卫星广播地球站和科学实验地球站。

另外，还可以按工作频段、通信卫星类型、多址方式、天线口径等分类。目前国际上按地球站天线口径尺寸及 G/T 值的大小将地球站分为 A、B、C、D、E、F、G、Z 等各种类型，见表 2-2。

表 2-2 各类地球站的天线尺寸及性能指标

类型	地球站标准	天线尺寸/m	最小 G/T/(dB/K)	频段
大型站	A	15~18(原30~32)	35(原40.7)	C
	C	12~14(原15~18)	37(原39)	Ku
	B	11~13	31.7	C

续表

类型	地球站标准	天线尺寸/m	最小 G/T/(dB/K)	频段
中型站	F－3	9～10	29	C
	E－3	8～10	34	Ku
	F－2	7～8	27	C
	E－2	5～7	29	Ku
小型站	F－1	4.5～5	22.7	C
	E－1	3.5	25	Ku
	D－1	4.5～5	22.7	C
VSAT	G	0.6～2.4	5.5	C、Ku
TVRO		1.2～11	16	C、Ku
国内	Z	0.6～32	5.5～16	C、Ku

在表 2-2 中，A、B、C 型站称为标准站，用于国际通信。E 和 F 又分为 E－1、E－2、E－3 和 F－1、F－2、F－3 等类型，主要用于国内通信，其中 E－2、E－3 和 F－2、F－3 又称为中型站，E－1、F－1 和 D－1 称为小型站。

综上所述，地球站的多种分类方法可以大致归纳总结如图 2-7 所示。

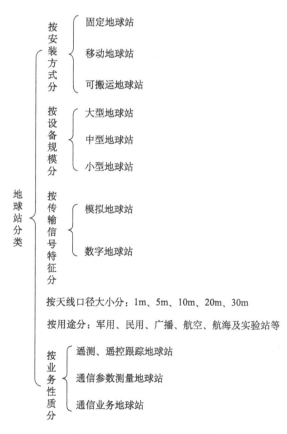

图 2-7　卫星通信地球站分类

3. 地球站的基本性能参数和设计考虑

在说明了地球站的分类和组成后，下面来说明地球站性能的基本参数。

1) G/T 值

接收天线增益对噪声温度比值，又称地球站的品质因数。G/T 值表示一个地球站的接收能力强弱，G/T 值越高就意味着这个地球站的接收能力越强。G 表示天线的增益，即

$$G_A = \left(\frac{\pi D}{\lambda}\right)^2 \eta \quad 或 \quad G_A = 10\log\left(\frac{\pi D}{\lambda}\right)^2 \eta \text{ (dB)} \tag{2-17}$$

式中，λ 为工作波长；D 为天线的直径；η 为天线的效率。从上式可以看出，天线的增益与天线口面直径 D 的平方成正比、与波长 λ 的平方成反比。T 表示系统的等效噪声温度，即

$$T = T_A + T_e \tag{2-18}$$

噪声温度的单位常用 K 来表示，式(2-18)中 T_A 为天线的噪声温度，它反映了天线受环境的影响和天线损耗。天线的噪声温度随仰角的不同而变化，仰角越低，噪声温度越大。例如，当仰角为 30° 时，T_A 为 20K 左右，而仰角为 5° 时，T_A 约为 45K。T_e 为高频头的噪声温度，通常有 25K、30K、35K、50K、60K 等不同档次。

2) EIRP

有效全向辐射功率(Equivalent Isotropically Radiated Power，EIRP)是指高功放的输出功率与天线增益的乘积。地球站的有效全向辐射功率可以用下式表示：

$$\text{EIRP} = P_T G_T \tag{2-19}$$

式中，P_T 为天线馈源口的输入功率；G_T 为发射天线增益。有效全向辐射功率是表示地球站或卫星发射能力强弱的参数。

地球站的设计与很多因素有关，具体设计因素如图 2-8 所示。

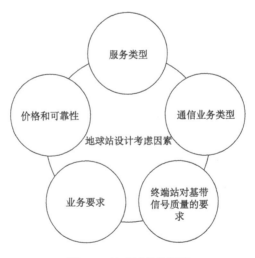

图 2-8　地球站设计因素

在图 2-8 中，服务类型一般包括固定卫星业务、广播卫星业务或移动卫星业务；常

见的通信业务类型有电话、数据和电视。

地球站的设计过程分两个主要步骤。

(1)根据系统要求，确定地球站的基本参量，如地球站的品质因数(G/T)值、发射功率、多址连接方案等。

(2)地球站设计是以最佳的性价比使设备配置达到上述性能指标。

2.5.2　地球站天线系统

卫星通信地球站的天线系统也称为"换能器"，是地球站射频信号的输入输出通道，负责完成向空间辐射的电磁波和电路中的电流、电压的相互转换，在输入通道中将电磁波转化为电路中的电流、电压，在输出通道中将电路中的电流、电压转化为向空间辐射的电磁波，从而实现信号的发送与接收。天线系统主要包括天线、馈源及伺服跟踪设备。

1. 对天线系统的基本性能要求

天线系统建造费用较高，约占地球站总费用的三分之一，通常地球站的天线系统都是收发共用一副天线。由于天线系统是收发共用，因此必须有双工器进行收发隔离。对于大型地球站，天线对星问题也是保证正常通信的重要环节，调整天线的指向可以分为定向和跟踪两个方面。定向与跟踪相结合，能够较快地实现初始捕获和保持精度的跟踪。由于卫星通信频段是微波频段，地球站天线通常采用抛物面天线，目前主要用卡塞格伦天线。一般对地球站天线有三个基本要求：高的定向增益、天线始终对准卫星和噪声温度一定要低，如图 2-9 所示。

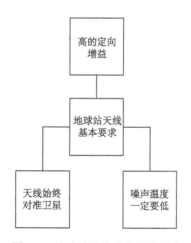

图 2-9　地球站天线基本性能要求

2. 天线类型

在天线工作过程中，天线要始终对准卫星方向，天线的作用是将发送设备产生的大功率微波信号以电磁波的形式向卫星辐射，将接收卫星转发器的微波信号，送至接收设备的第一级低噪声放大器中。基于天线的几何形状，地球站的天线有轴对称(正馈天线)

天线和非轴对称(偏馈天线)两种结构。

轴对称天线结构的天线轴相对于发射器是对称的,如图 2-10 所示,机械结构和天线构造相对比较简单,目前轴对称天线结构的天线仍被广泛使用。按照馈源装置的不同,轴对称天线最常用的结构有三种:喇叭抛物面天线、卡塞格伦天线和极轴天线。

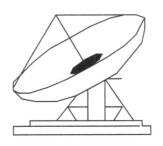

图 2-10　轴对称天线

非轴对称天线(偏馈天线)是一种非对称结构天线,其特点是效率较高、旁瓣较低但交叉极化较差,多用于小口径天线,如图 2-11 所示。

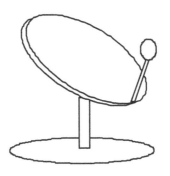

图 2-11　偏馈天线

轴对称结构由于安装了馈源和副反射器,部分孔径被阻塞,降低了天线效率,增大了副瓣电平。非轴对称结构可以将馈源结构偏离开轴向装配,如图 2-12 所示,不会阻塞主波束,结果使效率和副瓣电平的性能都获得改善。

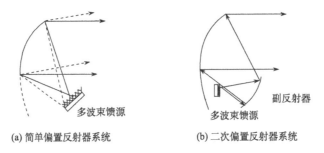

(a) 简单偏置反射器系统　　　　　　　(b) 二次偏置反射器系统

图 2-12　偏馈天线原理

地球站原则上采用抛物面天线、喇叭天线和喇叭抛物面天线等多种形式。一般大、中型天线用卡塞格伦天线，小口径天线用偏馈(焦)抛物面天线。

3. 天线组成

以卡塞格伦天线为例，卡塞格伦天线是由主反射面、副反射面、馈源喇叭(初级辐射器或一次辐射器)、双工器、座架、驱动装置等组成，此外大型天线还有自动跟踪系统，一般口径 6m 以下天线不需要自动跟踪系统，6~7m 天线可用可不用，8m 以上天线需要自动跟踪系统。

4. 天线安装

天线安装装置有多种类型，在中型和大型地球站常使用方位角-仰角装置和 x-y 轴装置两种。

1)方位角-仰角装置

方位角-仰角装置是由一根主垂直轴和一根水平轴组成，如图 2-13(a)所示。围绕主垂直轴旋转可以控制方位角，水平轴装在主垂直轴上，控制仰角。

2)x-y 轴装置

x-y 轴装置是由一根水平方向的主轴(x 轴)和垂直装在 x 轴上面的另一根轴(y 轴)组成，如图 2-13(b)所示。围绕这两根轴运动，就可提供需要的方位控制。

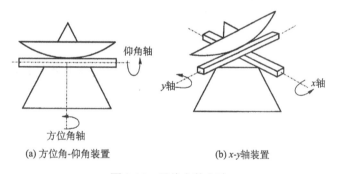

(a) 方位角-仰角装置　　　　　　(b) x-y轴装置

图 2-13　天线安装方法

2.5.3　地球站发射系统

地球站发射系统一般由高功率放大器、激励器、发射波合成器、上变频器和自动功率控制电路组成，如图 2-14 所示。对地球站发射系统常见的要求有：工作频带宽、输出功率大、增益稳定性高和放大器线性好。

(1)工作频带宽。为提高卫星转发器的性能，卫星通信所占频带一般要求比较宽。例如，IS-IV 卫星通信系统的发射系统在 5.925~6.425GHz 频带范围内的任何频段同时发射一个或多个载波，也就是说，要求发射系统能在 500MHz 带宽的频带范围内工作。

(2)输出功率大。在标准地球站中，发射系统的发射功率主要取决于转发器的 G/T 值和需要输入的功率密度，同时也受地球的发射信道容量和天线增益影响，一般为几百瓦到十几千瓦。

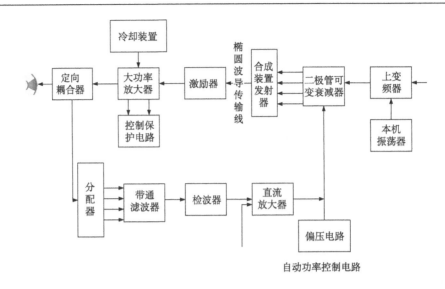

图 2-14　发射系统结构框图

(3)增益稳定性高。为了保证通信质量，必须保证发射系统增益的稳定性，如 IS-IV 卫星通信系统规定，正常情况下，指向卫星方向的 EIRP 值应保持在额定的 dB 波动范围内。

(4)放大器线性好。在发射系统中，要保证高功率放大器的线性特征，这样做是为了减小在频分多址(Frequency Division Multiple Access，FDMA)方式中放大多载波时的交调干扰。通常规定，多载波交调分量的等效全向辐射功率(Equivalent Isotropically Radiated Power，EIRP)在 4kHz 的频带内不超过 26dBW。

1. 高功率放大器

在常规的卫星通信中，通信卫星多采用静止轨道卫星。由于静止卫星距离地球站较远，电波空间传输损耗较大，又由于接收设备受噪声限制，接收灵敏度不可能无限提高。另一方面，发射方上变频器限于器件水平，输出功率较低，为了可靠接收，在上变频器之后设置一个高功率放大器，其增益一般达到 50～80dB，输出功率约几瓦到几千瓦量级。

高功率放大器是地球站上行系统的关键设备之一，其功能是将信号放大到一定的功率，经馈线由天线发射到卫星。高功率放大器性能的好坏直接影响卫星上行信号质量的好坏，因此高功率放大器优化设计是建造地球站必须考虑的关键问题之一。高功率放大器主要分为两大类：固态功率放大器(Solid State Power Amplifier，SSPA)和微波电真空放大器。固态功率放大器具有寿命长、可靠性高、输出功率较小的特点；微波电真空放大器又可分为行波管放大器和速调管放大器，行波管放大器又称为宽带放大器，带宽为 500MHz 左右，放大功率为几百瓦到 10kW，常用在大型地球站和卫星上，速调管放大器又称为窄带放大器，带宽为 60MHz 左右，最大功率为 3kW 左右，常用于大型地球站。

2. 变频器

变频器，顾名思义，是将信号频谱从一个频率搬移到另一个频率上。要完成频谱搬移，变频器必须具备三个组成部分：非线性元件、产生高频振荡的振荡器和带通滤波器。变频器由混频器和本机振荡器两部分组成。混频器是将两个输入信号频率进行加、减运算的电路，其工作原理如下。

混频器由非线性器件和带通滤波器组成。由于混频器是非线性器件，当输入两个频率时(中频信号和本振频率)，其输出除这两个基波信号外，还会产生新的频率分量：两个输入信号的各次谐波以及各种组合频率。组合频率中最主要的是两个输入频率的和频与差频。其中和频或差频是我们所需要，一般上变频取和频。因此用带通滤波器让和频的频率通过而让其余的频率分量被抑制。因此变频器起到了频谱搬移的作用。

地球站使用的变频器分为上变频器和下变频器，上变频器的作用是将较低的频率(中频)信号变换到较高的频率(射频)信号。上变频器可分为一次变频和二次变频。下变频器用在地球站的接收系统，工作原理与上变频器相同，其变频过程与上变频器相反。

一次变频是指(如 70MHz)直接变到微波射频(如 6GHz)。设备简单，但不利于宽带系统实现，适合小容量的小型地球站。

二次变频是指从中频(如 70MHz)先变到较高的中频(如 700MHz 或 1000MHz)，然后再由此较高的中频变到微波射频(如 6GHz)。电路较复杂，但易于实现宽带要求，广泛用于大容量的大中型地球站中。以 C 波段为例，上变频结构示意图如图 2-15 所示。

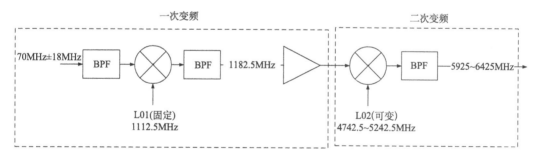

图 2-15　C 波段上变频器结构示意图

在图 2-15 中，上变频器各级频率的取值是，第一中频：70MHz±18MHz(固定频率)。第一本振频率：1112.5MHz(固定频率)。第二中频频率：1182.5 MHz(取和频)固定频率。第二本振频率：4742.5～5242.5MHz(可变频率)。产生发射的 RF 信号频率：5925～6425MHz。

3. 本机振荡器

本机振荡器(本地振荡器，LOCAL OSCILLATOR)是一个自激正弦波振荡器，其作用是产生一个比接收信号高一个中频率(我国规定为 37MHz)的高频等幅正弦波信号，并把这个振荡信号注入混频器，与高频信号混频后获得中频信号。为了保证卫星通信信号频率的稳定性和减小噪声干扰，通常要求本机振荡器具有很高的频率稳定度和很低的噪声电平，并且能够迅速地调整到所需的频率。上变频器所用的振荡器，其输出频率达数千兆赫以上，而且要求频率稳定度很高，因此要想利用速调管振荡器或晶振倍频振荡器作为泵源是很困难的。

2.5.4 地球站接收系统

1. 对地球站接收系统的要求

对地球站接收系统的要求主要体现在工作频带宽和噪声温度低两个方面。

1）工作频带宽

卫星通信的显著特点是能实现多址连接和大容量通信，为了满足通信需求，必须要求地球站接收系统的工作频带要宽，一般要求低噪声放大器必须具有 500MHz 以上的带宽。

2）噪声温度低

在地球站工作过程中，为满足所要求的 G/T 值，必须采用低噪声放大器，通常情况下，接收机的噪声温度应控制在 20K 以下。

为了保证卫星通信系统的通信质量，除了以上两个要求，还要求低噪声放大器相位稳定、增益稳定、交调干扰要小、带内频率特性平坦等。

2. 低噪声放大器

图 2-16 低噪声放大器

低噪声放大器（Low Noise Amplifier，LNA）是低噪声接收系统的重要部件，它的性能很大程度上决定了整个接收系统的等效噪声温度大小，如图 2-16 所示。低噪声放大器分为三种，包括参量放大器、致冷砷化镓场效应放大器和常温砷化镓效应放大器（Gallium Arsenide Field Effect Transistor，GaAsFET）。低噪声放大器最重要的指标是内部噪声大小，用等效噪声温度来衡量。为了减少噪声和干扰的影响，接收机输入端必须使用灵敏度很高、噪声温度很低的低噪声放大器。与此同时，为了减小由于馈线损耗带来的噪声影响，一般都将低噪声放大器配置在天线上。如图 2-17 所示，给出了三种低噪声放大器的内部噪声性能。

目前普遍采用砷化镓场效应管晶体管作为低噪声放大器。在实际应用中，低噪声放大器应尽可能靠近天线的馈源，通常是附于天线架上的室外单元的一部分，以减小与室内接收机之间连接电缆的损耗影响。一般来说，地球站的电源系统供电中断时间不能超过 50s，故地球站的大功率发射机所需电源必须是恒定电压、固定频率、高可靠性的不中断电源。

为避免微弱的卫星信号因传输路径过长而淹没在噪声中，低噪声放大器一般都安装在天线后的高频箱内。低噪声放大器与室内接收机之间的连接分为两种：当其不包括下变频器时，则低信噪比和接收机内一般采用波导连接；当其包括下变频器时，则低信噪比和接收机之间可用同轴电缆连接。

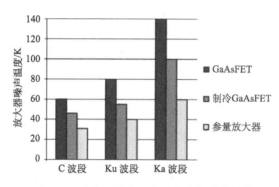

图 2-17　三种低噪声放大器的内部噪声性能

3. 下变频器

下变频器接收来自低噪声放大器的已调射频载波,将信号从卫星下行频率变换到中频。与上变频器类似,下变频器也可以采用一次、二次或三次变频,其原理框图如图 2-18 所示。

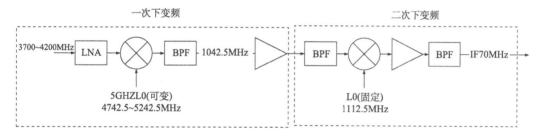

图 2-18　下变频器方框图

图 2-18 中下变频器各级频率的关系如下。

(1)RF 输入信号频率:3700~4200MHz。

(2)第一本振频率:4742.5~5242.5MHz(可变频率)。

(3)第一中频频率:1042.5MHz(固定频率)取差频。

(4)第二本振频率:1112.5MHz(固定频率)。

(5)第二中频频率:70MHz。

2.5.5　地球站基带系统

基带传输是一种不搬移基带信号频谱的传输方式,广泛用于音频电缆和同轴电缆等传送数字电话信号。将基带信号的频谱搬移到较高的频带(用基带信号对载波进行调制)再传输,则称为通带传输。

在通信过程中,选用基带传输或通带传输是由信道的适用频带决定的。例如,计算机输出的数字脉冲信号是基带信号,不必对载波进行调制和解调,可以利用电缆作基带传输。与通带传输相比，基带传输的优点是设备简单，线路衰减小。对于不适合基带信号直接通过的信道(如无线信道)，则可使用通带传输。

通带传输系统中，调制前和调制后对基带信号处理仍使用基带传输原理，并且采用线性调制的通带传输系统可以变换为等效基带传输来分析。在卫星地球站的基带处理要求通常包括如下方面。

1. 码型要求

(1)有利于提高系统的频带利用率。

(2)基带信号应不含直流分量。

(3)应考虑到码型频谱中高频分量的影响。电缆中线对间由于电磁辐射而引起的串话随频率升高而加剧，会限制信号的传输距离或传输容量。

(4)基带信号应具有足够大的定时信号供提取。

(5)基带信号的传输码型应具有误码检测能力。

(6)码型变换设备简单，容易实现。

2. 基本准则

1)奈奎斯特第一准则

信号可靠传输的一个关键问题就是如何保证信号在传输时不出现或少出现码间干扰。奈奎斯特第一准则给出了不出现码间干扰的条件：当码元间隔 T 的数字信号在某一理想低通信道中传输时，若信号的传输速率为 $R_b=2f_c$(f_c 为理想低通截止频率)，各码元的间隔 $T=1/2f_c$，则此时在码元响应的最大值处将不产生码间干扰，且信道的频带利用率达到极限，为 2bit/s/Hz。因此传输数字信号所要求的信道带宽应是该信号传输速率的一半：

$$BW=f_c=R_b/2=1/2T \tag{2-20}$$

2)滚降低通幅频特性

实际信息传输系统中，没有绝对理想的基带传输，采用具有奇对称滚降特性的低通滤波器作为传输网络，降低频带利用率。

只要滚降低通的幅频特性以点 $C(f_c, 1/2)$ 呈奇对称滚降，则可满足无码间干扰的条件(此时仍需满足传输速率=$2f_c$)。

滚降系数：

$$a = \frac{f_a}{f_c} \tag{2-21}$$

式中，f_c 为理想低通截止频率；f_a 为超出理想低通截止频率的扩展量，$0 \leqslant a \leqslant 1$，当用滚降低通作为传输网络时，会使实际占用的频带变宽，传输效率下降。

3. 中继传输

基带数字信号在传输过程中，由于信道本身的特性及噪声干扰使得数字信号波形产生失真。为了消除这种波形失真，每隔一定的距离需加一再生中继器，由此构成再生中继系统。再生中继系统的特点是无噪声积累，但有误码率的累积。

再生中继器主要由包含固定和自动均衡器的均衡放大器、定时提取电路峰值抽样判决电路和形成双极性矩形脉冲的再生电路组成。均衡放大电路的作用是对接收到的失真波形进行放大和均衡；定时提取电路的作用是在收到的信码流中提取定时时钟，以得到与发端相同的主时钟脉冲，做到收发同步；判决极码形成电路则是对已被放大和均衡的信号波形进行抽样、判决，并根据判决结果形成新的、与发送端相同的脉冲。

4. 有较高的功率利用率(功率效率)

为达到一定的 BER 所需的 E_b/N_0(比特能量/噪声功率谱密度，又称为归一化信噪比或能量信噪比)要求在一定的 E_b/N_0 条件下，采用 BER 低的调制方式，以节省卫星功率。

5. 有较高的频谱效率

频谱效率指 1Hz 系统带宽所传输的信息速率(单位为 bit/s/Hz)。

2.5.6 地球站站址的选择与布局

1. 地球站站址的选择

卫星地球站站址的选择需要考虑多方面的因素，如地球站的用途、类型、业务、地理位置、地质条件、抗干扰能力、交通是否便利、是否具备基本的供水供电能力、当地的天气情况等。

1)站址选择的一般原则

站址的地理环境应满足工作要求，周围电磁环境不能影响相应卫星的业务，站址应有保障人员工作和生活的基本条件，且气象和地质条件应与设备的环境适应性基本兼容，交通运输、施工安装和供电供水及通信条件便利，应避开飞机航线及遮蔽角较小的地带(一般不大于 3°)，为了屏蔽干扰源，在干扰源的方向最好有较高的山丘或高大的建筑物。

2)站址选择的一般程序

站址选择一般经过系统设计、现场勘查、干扰测试和选址报告四个程序。

(1)系统设计。站址选择前应根据建站的目的、业务、类型(如接收和发射)及规模等要求，首先完成系统的初步设计。

(2)现场勘查。在完成系统设计的基础上，应尽快与当地的无线电管委会有关部门联系，查清站址周围是否存在潜在干扰源(如微波中继站、电视广播台站、雷达站及无线电台等干扰源)和站址附近的气象资料，以便在设计时考虑天线的抗风、抗雨、抗雪能力；还应收集有关地质结构和地震等方面的信息资料，以便为地基、防雷接地和工作接地的设计提供依据。

(3)干扰测试。在站址初选并认为基本符合使用要求的情况下，一般都应进行电磁干扰和微波干扰测试，以确定站址附件没有干扰或者干扰在可接受范围内。

(4)选址报告。经过站址的综合分析，并确认符合使用要求后，通常应编写站址选择报告，其内容通常包括：地理位置(经度、纬度及海拔)、电磁干扰及其他有关报告(如遮蔽角图)等。

3) 地理环境要求

地址应选择视野开阔遮蔽角较小的地方，在卫星工作方向其遮蔽角不大于 3°。站址选择应尽量避开雷电区。

对于需建设标校塔的站址，站址对标校塔的仰角应考虑避免多径效应，在天线波束宽度不大于 0.8° 时，仰角一般应高于 3°，两站收发天线间距应满足如下公式要求：

$$R \geqslant \frac{2D^2}{\lambda} \tag{2-22}$$

式中，R 为站址与标校塔天线间距，m；D 为天线直径，m；λ 为工作波长，m。

对于具有三点测距定位系统的站址选择，三条基线的长度和对目标的交会夹角越大，其几何定位精度越高。

对于非静止轨道卫星地球站站址的选择，应考虑多站覆盖区域的大小，应使最小的站数达到所需的覆盖区域。或用相同的站数达到最大的覆盖区域。每个站的作用半径为

$$r = \frac{\beta}{360} 2\pi R_e \tag{2-23}$$

$$\beta = 90° - \varepsilon - \arcsin\left(\frac{R_e}{R_e + h}\cos\varepsilon\right) \tag{2-24}$$

式中，r 为站址作用半径，km；β 为站址到卫星的地心角，(°)；R_e 为地球赤道半径，6378km；ε 表示站址观测起始仰角，(°)；h 表示卫星轨道高度，km。

4) 电磁环境要求

站址应选择在电磁干扰较小的地区，在地球站天线工作方向，进入到接收机输入端的干扰电平应比正常接收到的工作信号电平低，对通信地球站一般应低于 30dB，对卫星遥感地球站一般应低于 25dB。

2. 地球站的布局

地球站的布局与地球站站址的选择是同样重要的，地球站布局合理不仅有利于地球站的管理和维护，而且对于卫星通信系统本身也是一个帮助。一般来说，决定地球站布局的因素主要有地球站的规模、地球站的设备制式和相关管理及维护要求。

(1) 地球站的规模。地球站的规模是决定地球站布局的重要因素。

(2) 地球站的设备制式。地球站的通信设备分别安装在天线塔和主机房内，它的布局方式由地球站的设备制式来决定。

(3) 管理和维护要求。地球站的布局除了要适应其通信系统的要求，保证满足地球站的标准特性要求之外，还要便于维护和管理，有利于规划和发展，尽量使地球站的布局适合工作和生活的需要。

2.6　习　　题

1. 简述通信卫星系统的分类。

2. 简述卫星轨道的分类。

3. 某采用椭圆轨道的卫星，近地点高度(近地点到地球表面的距离)为 1000km，远地点高度为 4000km。在地球平均半径为 6378.137km 的情况下，求该卫星的轨道周期 T。

4. 已知某卫星的轨道高度为 1450km，系统允许的最小接入仰角为 10°，试计算该卫星能够提供的最长连续服务时间是多少？

5. 在讨论卫星轨道的过程中，会考虑哪些要素？

6. 在地球站发射系统中为何要使用高功率放大器？

第3章 链 路 计 算

卫星通信链路的建立涉及卫星和地面站工作参数的匹配,而链路计算则为这些工作确定参数,使得星地之间能有效地协调工作提供了理论保障。本章对卫星通信链路所涉及的相关定量计算进行讨论,为卫星通信链路的设计奠定基础。

3.1 链路计算的目的

卫星通信系统涉及空间段的通信卫星与地面上的卫星地球站之间的信号传输。天地之间的信号传输是以无线的形式进行,包括上行链路和下行链路。上行链路为地球站至卫星的链路,下行链路为卫星至地球站的链路,根据其信号传播方向命名。

卫星链路的建立需要地球站的发射、接收配置与卫星转发器的参数相匹配,才能最大效能地发挥通信链路的能力。地球站的发射配置主要包括:发射天线口径、高功率放大器输出功率、发射工作带宽、工作模式(固定或运动)等;地球站的接收配置主要包括:接收天线口径、接收工作带宽、接收系统的品质因数、工作模式(固定或运动)、传输体制等。卫星转发器的参数一般不变化,主要的几个参数包括接收饱和通量密度、接收品质因数、发射功率。卫星链路的环境参数主要包括星地距离、雨衰、大气等。

因此,卫星通信链路的建立涉及很多因素,如何根据卫星和应用环境的情况,对卫星地球站进行合理的资源配置(如天线、功放等),使得上、下行卫星链路既能满足信息传输的要求,又能高效率地对所配资源进行利用,正是卫星链路计算的目的。

3.2 链路计算之参数及步骤

卫星通信链路根据信号的传输方向,分为上行链路和下行链路。由于卫星通信涉及至少两个地球站,当以一个地球站为参考,通信链路又分为前向链路和反向链路。以星形网为例,中心地球站(简称中心站)向用户地球站(简称用户站)的信息传输链路为前向链路,它包括中心站至卫星的上行链路以及卫星至用户站的下行链路。用户站至中心站的信息传输链路为反向链路,它包括用户站至卫星的上行链路以及卫星至中心站的下行链路,如图 3-1 和图 3-2 所示。

在前向链路和反向链路中都分别有上行和下行两条星地链路。上行链路和下行链路计算所需的参数如表 3-1 和表 3-2 所示。

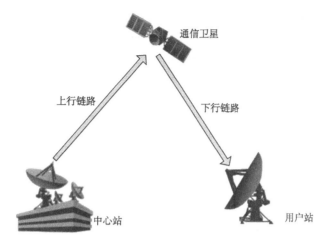

图 3-1　中心站至用户站的前向链路示意

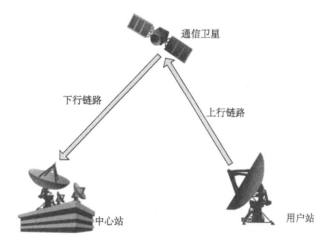

图 3-2　用户站至中心站的反向链路示意

表 3-1　上行链路计算所涉参数

序号	参数类别	具体参数
1	卫星转发器	卫星转发器的饱和通量密度
2		卫星转发器的接收品质因数
3	地球站	发射工作频率
4		发射天线增益
5		功率放大器输出功率
6	损耗	路径损耗
7		雨衰损耗
8		极化损耗
9		指向损耗
10		馈线损耗
11		其他损耗

表 3-2　下行链路计算所涉参数

序号	参数类别	具体参数
1	卫星转发器	卫星等效全向辐射功率
2	地球站	接收品质因数
3		接收解调门限
4		信息传输速率
5	损耗	路径损耗
6		雨衰损耗
7		极化损耗
8		指向损耗
9		馈线损耗
10		其他损耗

对卫星链路进行计算通常包括如下步骤。

(1)选定卫星转发器,确定卫星工作频率、饱和通量密度、接收品质因数和等效全向辐射功率。

(2)计算前向链路的上行链路。

(3)计算前向链路的下行链路。

(4)计算前向链路的合并链路,根据合并链路的情况进行链路的参数调整,并重新计算上行、下行链路,直到达到合适的链路配置。

(5)计算反向链路的上行链路。

(6)计算反向链路的下行链路。

(7)计算反向链路的合并链路,根据合并链路的情况进行链路的参数调整,并重新计算上行、下行链路,直到达到合适的链路配置。

在后续章节还将对每条链路的计算进行更详细的描述。

3.3　卫星通信链路中的噪声

在卫星通信链路中,地球站接收到的信号功率非常小,因此在进行系统设计时必须考虑系统中噪声的影响。噪声主要来源于两类,一类为接收系统从外部接收到的噪声,另一类来源于接收设备器件中电子的热运动带来的热噪声。接收系统从外部接收到噪声往往是以天线噪声温度的形式给出,这样就可以和后续接收系统的热噪声进行统一的处理。本节将对卫星通信链路分析中所涉及的各类噪声及相关内容进行讨论。

3.3.1　热噪声

一个热噪声源的噪声功率为

$$P_n = kT_p B_n \tag{3-1}$$

式中,T_p 为噪声源的物理温度;B_n 为测量噪声时的带宽;$k=1.38 \times 10^{-23}$ J/K 为波尔兹曼

(Boltzman)常数。当噪声温度用开氏温度(K)，噪声带宽用赫兹(Hz)时，噪声功率为瓦特(W)。

热噪声的特点是其单位带宽内功率恒定，即其功率谱是平坦的，这种平坦特性可以覆盖的频率范围可达 300GHz。可用噪声功率谱密度表征噪声功率的大小，一般用 N_0 表示，则有

$$N_0 = \frac{P_n}{B_n} = kT_p \tag{3-2}$$

这里有一个概念值得说明一下，对于接收系统，噪声的引入可能是由于多种原因，为了分析方便，会用等效噪声温度表征(如天线噪声温度)，等效噪声温度与噪声源的物理温度有关联，但又不完全等价，后续章节将进行详细的讨论。当得到了地球站或卫星接收通道的多个噪声源的噪声温度后，将它们直接相加就可得到总的噪声温度。

例 3-1 设一个天线的噪声温度是 50K，与它相配套的接收机的噪声温度为 300K，则计算：(1)接收系统的噪声功率谱密度；(2)噪声带宽为 54MHz 时的噪声功率。

解：

(1) $N_0 = (50 + 300) \times 1.38 \times 10^{-23} = 4.83 \times 10^{-21}$；

(2) $P_n = 4.83 \times 10^{-21} \times 54 \times 10^6 \approx 0.26\,pW$。

3.3.2 天线噪声

天线是卫星地球站的必要组成部分，天线接收卫星发送到地面的信号，但同时也会接收到外部的噪声，从而将这些噪声引入到后续的接收电路中。对于星载天线，它接收地面上地球站发射的信号，同时也会接收到噪声，进入星载接收电路中。

天线噪声可以分为两大类：天空噪声和天线损耗噪声。天空噪声用于表征存在于整个宇宙中的微波辐射，这种辐射比微波频带更宽，可用噪声温度来表示。显示了地球站天线所见到天空噪声温度。图 3-3 中下面的曲线是天线对准天顶时的噪声温度情况，就是天线对地平线的仰角为 90°时；而上面的曲线是天线对地平线的仰角较小时的噪声温度情况，此时地球的噪声会进入天线，所以天线所观察到的噪声温度就更高。

当天线的仰角为 90°，即地球站天线指向天顶时，在 1～10GHz 之间的噪声温度维持在一个较低的水平，如图 3-3 所示，这是宇宙中的背景辐射噪声。在 10GHz～100GHz 之间可以观察到的两个尖峰，分别是由于地球大气中的水蒸气和氧气的共振所引起的。

对于卫星上的对地天线而言，其接收到的噪声与图 3-3 所示有所不同，因为卫星上的对地通信天线往往指向地球，其所接收到的噪声主要为地球的热辐射。

除了这些外部的噪声源会引入天线噪声温度外，天线作为接收部件，对于信号必定有损耗，它的接收损耗也可看作为一个噪声源，这种损耗为了计算和分析的方便，往往折算成天线接收处的等效噪声温度。因此，总的天线噪声温度是所有这些噪声源的等效温度之和。对于较大型的地面 C～Ku 频段天线，在比较好的天气条件和仰角下，天线总噪声温度在 100K 以下。

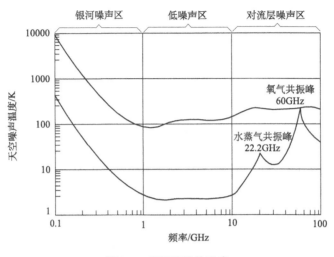

图 3-3 理想天线的噪声

3.3.3 放大器噪声

低噪声放大器和天线的噪声表示如图 3-4 和图 3-5 所示,放大器的可用功率增益用 G 表示,输出噪声功率用 P_{n0} 表示。如 3.3.1 节所述,噪声功率谱密度为单位带宽内的噪声功率,可以用于表征噪声的功率大小,若放大器与天线相连,则放大器输入端的噪声大小可以用天线输入的噪声功率谱密度表示为

$$N_{0,a} = kT_{ant} \qquad (3-3)$$

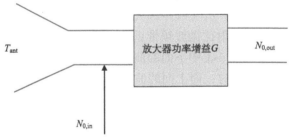

图 3-4 单个放大器的噪声情况

式中, k 为玻尔兹曼常数; T_{ant} 为天线的输入噪声温度。放大器的输出噪声功率谱密度 $N_{0,out}$ 将是 $GN_{0,a}$ 加上放大器自身引入的噪声,其中 G 是放大器增益(即功率放大倍数)。为了计算和分析的方便,常将放大器自身引入的噪声折算成放大器输入端所输入的噪声功率,而放大器本身在分析建模时就成了一个增益为 G 的理想放大器。对于放大器自身引入的噪声功率可以用等效噪声温度表示,这个噪声温度折算到输入端时的噪声温度用 T_e 来表示时,则放大器的输出噪声功率谱密度可表示为

$$N_{0,out} = Gk(T_{ant} + T_e) \qquad (3-4)$$

则放大器输入端的等效噪声功率谱密度即 $N_{0,out} / G$,可表示为

$$N_{0,\text{in}} = k(T_{\text{ant}} + T_{\text{e}}) \tag{3-5}$$

式中，T_{e} 的值可以通过测量得到，典型值范围为数十开尔文(K)，往往以放大器噪声系数的形式给出。

3.3.4 级联噪声

在卫星信号的接收电路中，往往可能存在多个放大器之间的级联，如图 3-5 所示。对于级联电路，总的增益或功率放大倍数为各级放大器增益之积，可表示为

$$G = G_1 G_2 \tag{3-6}$$

如前所述，放大器自身会引入噪声，如果以 T_{e2} 表示第二级放大器引入噪声折算到它的输入端所对应的等效噪声温度，其所引入的噪声功率谱密度可表示为 kT_{e2}。设前一级放大器输入至第二级放大器入端的噪声功率谱密度为 $G_1 k(T_{\text{ant}} + T_{\text{e1}})$，则等效后的第二级放大器输入端的总噪声功率谱密度为

$$N_{0,2} = G_1 k(T_{\text{ant}} + T_{\text{e1}}) + kT_{\text{e2}} \tag{3-7}$$

该第二级放大器的输入端总噪声功率谱密度可折算到第一级放大器的输入端，则第一级放大器入端的噪声功率谱密度可表示为

$$N_{0,1} = \frac{N_{0,2}}{G_1} = k\left(T_{\text{ant}} + T_{\text{e1}} + \frac{T_{\text{e2}}}{G_1}\right) \tag{3-8}$$

上式正是折算到接收前端的系统总噪声功率谱密度，若用 T_{S} 表示系统(含天线、两级放大电路)的噪声温度，则系统总的噪声功率谱密度又可表示为

$$N_{0,1} = kT_{\text{S}} \tag{3-9}$$

其中，T_{S} 为

$$T_{\text{S}} = T_{\text{ant}} + T_{\text{e1}} + \frac{T_{\text{e2}}}{G_1} \tag{3-10}$$

分析 T_{S} 的组成可以看出，对于有两级放大器结构的电路，要将第二级放大器的等效噪声温度折算到第一级输入端等效噪声温度时，只需将第二级放大器等效噪声温度除以第一级放大器的增益。由此可以得出非常重要的结论：第一级放大器的增益应足够高并且自身的噪声温度应尽量低，如此可以降低后级及自身对整个接收系统的噪声影响。

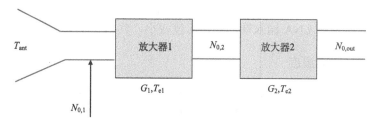

图 3-5 两个串联放大器的噪声情况

前述以两级放大器电路对于放大器级联情况下的噪声情况进行了分析，得出了以第

一级放大器的入端作为观察点时的系统噪声计算公式，这个公式可以推广至任意级数的放大电路，系统的等效噪声温度可以表示为

$$T_{\mathrm{S}} = T_{\mathrm{ant}} + T_{\mathrm{e1}} + \frac{T_{\mathrm{e2}}}{G_1} + \frac{T_{\mathrm{e3}}}{G_1 G_2} + \cdots \tag{3-11}$$

3.3.5 噪声系数

噪声系数经常用于表征一个设备内部所产生的噪声，噪声系数的定义为

$$\mathrm{NF} = \frac{(S/N)_{\mathrm{in}}}{(S/N)_{\mathrm{out}}} \tag{3-12}$$

式中，$(S/N)_{\mathrm{in}}$ 为设备的输入信噪比；$(S/N)_{\mathrm{out}}$ 为设备的输出信噪比。假设参考噪声温度为 T_0，在计算噪声系数时往往取 290K，噪声系数还可写成

$$\mathrm{NF} = \frac{\dfrac{S}{kT_0 B}}{\dfrac{GS}{GkT_0 B + GkT_d B}} = \frac{\dfrac{S}{kT_0 B}}{\dfrac{S}{k(T_0 + T_d)B}} \tag{3-13}$$

式中，B 为考察噪声时的带宽；G 为放大器增益。因此 $kT_0 B$ 为输入噪声功率。$k(T_0 + T_d)B$ 包括了将设备自身引入的噪声功率折算到输入端时总的噪声功率，T_d 就是设备所引入噪声折算到输入端的等效噪声温度。

对于噪声系数公式进行简单的变换就可以得其简化式：

$$T_{\mathrm{d}} = T_0(\mathrm{NF} - 1) \tag{3-14}$$

例 3-2 一个低噪声放大器与一个噪声系数为 8dB 的主接收系统相连，LNA 的功率增益为 25dB，其噪声温度为 100K。试计算 LNA 输入的总噪声温度。

解：将分贝数转换成功率比，8dB 的功率比是 6.3∶1，主接收系统引入的噪声温度为

$$T_{\mathrm{d}} = (6.3 - 1) \times 290 = 1537(\mathrm{K})$$

LNA 的增益 25dB 的功率比是 316.2∶1，故有

$$T_{\mathrm{in}} = 100 + \frac{1537}{316.2} \approx 104.9(\mathrm{K})$$

由例 3-2 可知，虽然主接收系统引入的噪声温度高达 1000K 以上，但由于前端 LNA 的高增益，折算到前端 LNA 输入端的噪声温度较小，其对整个系统的影响也较小。

3.3.6 吸收网络的噪声温度

在卫星通信系统中还有一些重要的部分会带来信号的损耗，则它们所带来的损耗均可用噪声温度表征。这些重要的部分包括如电阻衰减、传输线、波导等从信号中吸收能量并转化成热能的部件，可称为吸收网络。值得一提的是，降雨所引起的雨衰，也可看成一种吸收网络现象，从而可以理解为热噪声。

设网络对信号的衰减比例为 L，可以理解为在网络输入端的信噪比相对输出端的信

噪比高 L 倍，网络的噪声因子就是 L，则网络输入端的等效噪声温度为

$$T_{\mathrm{e}} = (L-1)T_0 \tag{3-15}$$

式中，T_0 为环境温度。

3.3.7　整个系统的噪声温度

如图 3-6 所示，给出了一个典型的接收系统。应用前述描述的内容，折算到 LNA 输入端的系统噪声温度可表示为

$$T_{\mathrm{S}} = T_{\mathrm{ant}} + T_{\mathrm{e1}} + \frac{(L-1)T_0}{G_1} + \frac{L(NF-1)T_0}{G_1} \tag{3-16}$$

式中各项对应于后续例子。

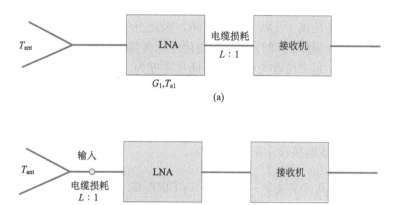

图 3-6　系统总体噪声描述图

例 3-3　在图 3-6(a) 中所示的系统中，接收机噪声系数为 10dB，电缆损耗为 4dB，LNA 增益为 40dB，其噪声温度为 45K。天线引入的噪声温度为 30K。试计算系统总的输入噪声温度。

解：对于主接收机，$NF = 10^1 = 10$。对于电缆，$L = 10^{0.4} = 2.51$。对于 LNA，$G = 10^4$。则有

$$T_{\mathrm{S}} = 30 + 50 + \frac{(2.51-1)\times 290}{10^4} + \frac{2.51\times(10-1)\times 290}{10^4}$$
$$= 80 + 0.04 + 0.66$$
$$= 80.70\,(\mathrm{K})$$

例 3-4　当图 3-6(a) 按 (b) 的形式布置，就是把电缆布置在天线与 LNA 之间时，重复以上的计算。

解：这种情况下，电缆在 LNA 之前，因此，针对电缆输入的等效噪声温度为

$$T_{\mathrm{S}} = 30 + (2.51-1)\times 290 + 2.51\times 50 + \frac{2.51\times(10-1)\times 290}{10^4}$$
$$= 594.06\,(\mathrm{K})$$

由例 3-3 和例 3-4 可知，LNA 与天线之间的距离远近，是否由衰减大的电缆相连，对于系统的噪声影响很大，这也解释了为什么卫星信号接收系统中放大器都紧邻天线安置。

3.4　卫星通信链路中的损耗

信号在卫星通信链路中进行传输时，由于受通路中各种物理特性的影响，会对信号产生损耗，表现为信号功率的衰减。产生这些损耗的主要因素包括自由空间传输、馈线、天线失调、大气和电离层等，本节将对这些损耗展开讨论。

3.4.1　自由空间传播损耗

卫星通信本质上还是属于无线通信的范畴，因此卫星信号在星地之间传播必然遵循无线电的空间传播损耗规律。同时，信号的自由空间传播损耗计算也是进行卫星链路上、下行分析的必需步骤。定义接收天线功率磁通量密度为

$$\Psi = \frac{\text{EIRP}}{4\pi r^2} \tag{3-17}$$

式中，EIRP 为等效全向辐射功率；r 为信号传输距离。根据天线有效孔径的计算公式 $A_e = \lambda^2 G_R / 4\pi$，则天线的接收功率可表示为

$$P_R = \Psi A_e = \frac{\text{EIRP}}{4\pi r^2}\frac{\lambda^2 G_R}{4\pi} = \text{EIRP} \cdot G_R \cdot \left(\frac{\lambda}{4\pi r}\right)^2 \tag{3-18}$$

式中，λ 为接收信号的波长；G_R 为接收天线增益。在本章中如无特殊说明，[ ] 表示取分贝，则接收功率用分贝可表示为

$$[P_R] = [\text{EIRP}] + [G_R] - 10\log\left(\frac{4\pi r}{\lambda}\right)^2 \tag{3-19}$$

因此，dBW 形式的接收功率 P_R 等于信号源以 dBW 为单位表征的发射功率再加上接收天线增益的 dB 形式，再减以 dB 形式的路径损耗即自由空间传播损耗。其中自由空间传播损耗也称为路径损耗，可表示为

$$[\text{PL}] = 10\log\left(\frac{4\pi r}{\lambda}\right)^2 \tag{3-20}$$

对于该式有一个简化的近似式：

$$[\text{PL}] = 32.4 + 20\log r + 20\log f \tag{3-21}$$

式中，频率 f 单位为 MHz，距离 r 单位为千米。该式基于 $\lambda = c / f$，其中 $c = 10^8 \text{m/s}$ 为信号传播速度。对天线接收到的功率可重新描述为

$$[P_R] = [\text{EIRP}] + [G_R] - [\text{PL}] \tag{3-22}$$

式中，$[\text{EIRP}]$ 单位取 dBW 和 $[\text{PL}]$ 单位取为 dB 时，接收功率 $[P_R]$ 的单位则为 dBW。本节所讨论的自由空间损耗计算在卫星链路的上行和下行链路中均适用。

例 3-5　地球站和卫星之间的距离为 40000km，频率 12GHz，计算自由空间损耗。

解：

$$[PL] = 32.4 + 20\log 40000 + 20\log 12000 = 206.02 \text{ (dB)}$$

表示的物理含义是从信号源发出的信号到达目的地时，功率衰减了 $10^{20.602}$ 倍，这是一个非常大的损耗。

3.4.2　馈线损耗

接收天线与接收机之间往往有各种连接部件用于传输信号，如波导、滤波器和耦合器等，称为馈线，相应地由此产生的信号传输损耗称为馈线损耗。同理，发射机的高功率放大器与发射天线（往往与接收天线共用）之间也存在由波导、耦合器、滤波器等产生的馈线损耗。在本章中用 FL 表示，用分贝表示为[FL]。

3.4.3　天线失调损耗

一条理想的卫星通信链路是卫星地球站的收发天线波束最大增益对准卫星，同时卫星波束至地球站方向的增益也最大，如图 3-7(a) 所示。但实际情况下，卫星对地的波束形状往往是固定的，地球站根据自身的地理位置不同，受卫星天线波束的覆盖角不同，如图 3-7(b) 所示，地球站位于卫星天线波束的半功率覆盖角处，即该方向上信号功率相比卫星天线波束的最大方向低了一半的功率。同时，实际中地球站天线的最大波束方向由于没有完全对准卫星，即地球站天线与卫星天线有指向偏差时，就产生了指向损耗，如图 3-7(b) 所示的情况，指向损耗一般在 1dB 以内。

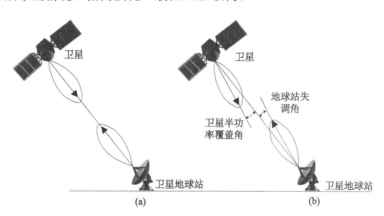

图 3-7　地球站天线与卫星天线的对齐情况

在星地链路中，除了指向损耗外，还可能存在极化失调损耗，所谓极化失调就是卫星收发电场方向与地球站的收发电场方向没有完全一致，从而产生的损耗，这种损耗一般较小。

3.4.4　大气和电离层损耗

星地之间的无线信号在穿过大气层和电离层时会分别受吸收及极化影响而产生损

耗，这部分的损耗往往也较低，通常低于1dB。

3.5 上 行 链 路

卫星通信中的上行链路指地球站发送、卫星接收的链路，上行链路的载噪密度比用dBHz的形式可以表示为

$$\left[\frac{C}{N_0}\right]_{\mathrm{U}} = \left[\mathrm{EIRP}\right]_{\mathrm{U}} + \left[\frac{G}{T}\right]_{\mathrm{U}} - \left[L_{\mathrm{u}}\right] - \left[k\right] \tag{3-23}$$

式中，$\left[\mathrm{EIRP}\right]_{\mathrm{U}}$ 为地球站的发射 EIRP；$\left[\dfrac{G}{T}\right]_{\mathrm{U}}$ 为卫星的接收品质因数；$\left[L_{\mathrm{u}}\right]$ 为上行链路的各种损耗；$\left[k\right]$ 为波尔兹曼常数。值得一提的是式中的 C 为载波功率，N_0 如式(3-2)所述。

有些情况下，在式(3-23)中往往会考虑卫星接收天线的磁通量密度，不直接用地球站的 EIRP，其原因是为了充分发挥出空间段中卫星的能力，关于饱和通量密度的内容会在 3.5.1 节进行讨论。

3.5.1 饱和通量密度

饱和能量密度是卫星转发器的重要参数。卫星转发器中的行波管放大器存在饱和特性，如图 3-8 所示，因此为了保证卫星上功率放大器的输入和输出信号之间的线性，对于输入和输出均要做回退处理。

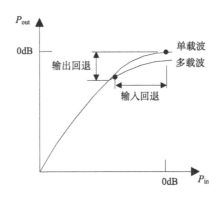

图 3-8 卫星转发器行波管放大器的功率特性

接收天线中产生行波管放大器饱和所需的磁通量密度称为饱和通量密度。饱和通量密度是链路预算中的一个特定物理量，当卫星转发器的功率放大器工作于饱和点时，能使得卫星功率充分利用。当饱和通量密度已知时，即可计算地球站发射所需的 EIRP。在上行链路中，地球站以 EIRP 辐射能量，到达卫星的通量密度可表示为

$$\Psi = \frac{\mathrm{EIRP}}{4\pi r^2} \tag{3-24}$$

式中，r 为地球站与卫星之间的距离。如以分贝为单位，即为

$$[\varPsi] = [\text{EIRP}] + 10\log\frac{1}{4\pi r^2} \tag{3-25}$$

根据前述的自由空间损耗公式有

$$-[\text{PL}] = 10\log\frac{\lambda^2}{4\pi} + 10\log\frac{1}{4\pi r^2} \tag{3-26}$$

结合以上两式可得

$$[\varPsi] = [\text{EIRP}] - [\text{PL}] - 10\log\frac{\lambda^2}{4\pi} \tag{3-27}$$

式中，$\lambda^2/4\pi$ 项表示的是各向同性天线的等效面积(即增益为 0dB)，可用 A_e 表示，则有

$$[A_e] = 10\log\frac{\lambda^2}{4\pi} \tag{3-28}$$

通常在分析星地链路时，已知工作频率，故而为了分析的方便，将式(3-28)中的波长 λ 用频率 f 替代并取频率的单位为 GHz 时，式(3-28)可以写为

$$[A_e] = 21.45 + 20\log f \tag{3-29}$$

将它与式(3-27)进行合并，得 EIRP 为

$$[\text{EIRP}] = [\varPsi] + [A_e] + [\text{PL}] \tag{3-30}$$

例 3-6　设一条上行链路工作频率为 14GHz，转发器处于饱和状态时所需的磁通量密度为–90dB(W/m²)。自由空间传播损耗是 207dB，其他传播损耗加起来是 3dB。计算晴天条件下转发器饱和所需的地球站[EIRP]。

解： 当工作频率为 14GHz 时，有

$$[A_e] = -(21.45 + 20\log 14) = -44.37(\text{dB})$$

传播路径总损耗应为自由空间损耗与其他损耗之和，共计 207+3=210(dB)。因此，根据式(3-30)，有

$$[\text{EIRP}]_U = -90 - 44.37 + 210 = 75.63(\text{dBW})$$

这就是地球站上行链路将转发器推至饱和所需的等效全向辐射功率。

3.5.2　输入回退

由于转发器行波管放大器的线性特性，在多载波同时出现在同一个行波管放大器中时，工作点需要回退到线性部分，以降低互调失真的影响。此处不做详细的展开描述。一般回退为 6～11dB，即转发器的饱和通量密度需要减小 6～11dB。

3.6　下　行　链　路

卫星通信的下行链路为卫星发射信号，地球站接收该信号的链路。下行链路中地球站接收到的载噪密度比表示为

$$\left[\frac{C}{N_0}\right]_D = [\text{EIRP}]_D + \left[\frac{G}{T}\right]_D - [L_D] - [k] \tag{3-31}$$

式中，EIRP 为卫星对地发射的等效全向辐射功率；L_D 为下行链路的全部损耗，G/T 为地球站接收机的接收品质因数。

如果在进行链路计算时，需采用噪声功率而不是噪声功率谱密度时，则会引入噪声带宽的参数 B_N，该参数如果取为与信号带宽 B 相同，则

$$\left[\frac{C}{N}\right]_D = [\text{EIRP}]_D + \left[\frac{G}{T}\right]_D - [L_D] - [k] - [B] \tag{3-32}$$

例 3-7　设一个卫星电视信号占用的转发器带宽为 36MHz，而卫星地球站的解调门限为 C/N=20dB。又设下行链路总的传输损耗为 210dB，地球站的接收品质因数 G/T 为 30dB/K，试计算要达到接收的 C/N 要求时，卫星需达到的 EIRP。

解：根据前式有

$$[\text{EIRP}]_D = \left[\frac{C}{N}\right]_D - \left[\frac{G}{T}\right]_D + [L_D] + [k] + [B]$$

根据各参数的取值即可计算出结果，所需的 EIRP 为 47dBW，如表 3-3 所示。

表 3-3　下行链路计算表　　　　　　　　　　单位：dB

参数	取值
[C/N]	20
–[G/T]	–30
[L_D]	210
[k]	–228.6
[B]	75.6
[EIRP]$_D$	47

关于输出回退，与输入回退类似，为了保证在多载波的情况下，行波管放大器依然处在线性区。卫星的 EIRP 要引入输出回退，即饱和时的卫星输出 EIRP 会减小，一般可按 3～6dB 考虑，即在多载波情况下，计算卫星 EIRP 时，按标称值回退 3～6dB。

3.7　全　链　路

对于一条完整的前向链路(即地面的参考站至远端站)或反向链路(远端站至参考站)均要分别包括一条上行链路和一条下行链路。对于上行链路，噪声将在卫星接收机处引入，如图 3-9(a)所示。在卫星接收机输入端的噪声功率以 P_{NU} 表示，相应的到达卫星接收机处的上行载波功率以 P_{RU} 表示，则上行接收载噪比可表示为 $C/N = P_{RU}/P_{NU}$。

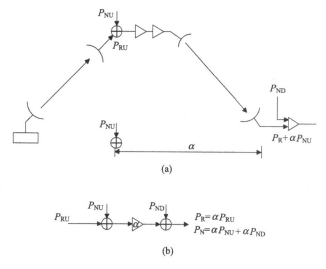

图 3-9 上行、下行链路图

对于下行链路中的地球站，其接收机也引入噪声，表示为 P_{ND}。地球站接收机也接收卫星对地发射的信号，接收到的下行载波功率表示为 P_R，如图 3-9(a)所示。P_R 与卫星接收机入端的信号功率 P_{RU}，之间相差一个系数 α，即 $P_R = \alpha P_{RU}$。α 其实就是整个链路中从卫星接收机入端到地球站接收机入端的信号增益，注意是非分贝表示。这个增益包括了卫星接收天线增益、卫星转发器的放大器增益、下行链路的路径损耗、地球站接收天线增益及馈线损耗。链路中除了对信号进行放大外，对于在卫星接收机入端引入链路中的噪声 P_{NU} 也会放大，其放大倍数也为 α，如图 3-9(a)中所示的 αP_{NU}。地球站接收电路得到的总噪声功率为自身引入的噪声功率 P_{ND}，以及卫星接收机处引入的噪声功率 αP_{NU} 之和 $\alpha P_{NU} + P_{ND}$。

如果不考虑地球站接收到的卫星接收机引入的噪声 γP_{NU} 时，$C/N = P_R/P_{ND}$ 就是仅为下行链路的载噪功率比。当要考虑上行链路引入的噪声时，则全链路的载噪比为 $P_R/(\alpha P_{NU} + P_{ND})$，其信号的功率流向如图 3-9(b)所示。下面为了方便分析，采用噪载功率比的形式进行表示(注意为非分贝形式)，上行链路的噪载功率表示为 $(N/C)_U$，下行链路的噪载功率表示为 $(N/C)_D$，全链路的噪载功率表示为 N/C，则

$$\frac{N}{C} = \frac{P_N}{P_R} = \frac{\alpha P_{NU} + P_{ND}}{P_R} = \frac{\alpha P_{NU}}{P_R} + \frac{P_{ND}}{P_R}$$

$$= \frac{\alpha P_{NU}}{\alpha P_{RU}} + \frac{P_{ND}}{P_R} = \left(\frac{N}{C}\right)_U + \left(\frac{N}{C}\right)_D \tag{3-33}$$

式(3-33)表明，全链路的 C/N 值，就是上行链路和下行链路的噪载比相加后，再求倒数。采用求倒数和之倒数的原因是表明：在单个信号功率通过该系统传送时，存在多个加性噪声功率。全链路的计算是整个卫星链路计算中重要的一环，最终两个卫星地球站之间能否成功实现通信，取决于全链路后的信号功率与噪声功率之比。

例 3-8 设有一条卫星链路，每一条链路的载噪比为：上行链路 100dB，下行链路 87dB。计算全链路 C/N 比。

解：

$$\frac{N}{C} = 10^{-10} + 10^{-8.7} = 2.095 \times 10^{-9}$$

因此

$$\frac{C}{N} = -10\log(2.095 \times 10^{-9}) = 86.79\,\text{dB}$$

该例表明，在计算多条串接链路的全链路时，全链路 C/N 近似等于较低（或信号质量较差）的那一条链路。由于上行时地球站的天线、功率相对比较容易做大，因此往往是下行链路 C/N 经常小于上行链路 C/N，其主要原因是卫星的可用 EIRP 受限。

在链路计算中，C/N_0 也是常用的信号质量表征参数，只是相差一个噪声带宽系数，因此前述的全链路公式可以直接用于计算载噪功率谱密度比 C/N_0。例 3-9 将回退纳入了链路计算之中，可以看出它如何影响 C/N_0。

例 3-9 设有一个多载波的卫星链路工作在 6/4GHz 频带，参数如下。

上行：饱和磁通量密度–67.5dBW/m²；输入回退为 11dB；卫星 G/T 为–11.6dB/K。

下行：卫星饱和 EIRP 为 26.6dBW；输出回退为 6dB；自由空间传播损耗为 196.7dB；地球站 G/T 为 40.7dB/K。其他损耗可以忽略不计。计算两条链路的载噪密度比以及合并值。

解：

表 3-4　全链路计算表

上行链路		下行链路	
饱和磁通量密度	−67.5	卫星 [EIRP]	26.6
6GHz 处的 $[A_0]$	−37	输出回退	−6
输入回退	−11	自由空间损耗	−196.7
卫星饱和 $[G/T]$	−11.6	地球站 $[G/T]$	40.7
$-[k]$	228.6	$-[k]$	228.6
$[C/N_0]$	101.5	$[C/N_0]$	93.2

由公式(3-33)和表 3-4 可求得全链路 $[C/N_0]$：

$$\frac{N_0}{C} = 10^{-10.15} + 10^{-9.32} = 5.49 \times 10^{-10}$$

$$\left[\frac{C}{N_0}\right] = -10\log(5.49 \times 10^{-10}) = 92.6\,\text{dBHz}$$

从此例中也可以再一次看到，合并 C/N_0 值接近下行链路，因为在上、下行链路中，下行链路的质量最差。

3.8 习 题

1. 给出下列物理量的分贝等价结果:

(1)功率比 100∶1;

(2)功率 250W;

(3)带宽 36MHz。

2. 一颗卫星的 EIRP 是 45dBW。计算:

(1)距离为 40000km 的地面站的功率密度;

(2)当天线增益为 40dB 时,传送给一个地面站接收机匹配负载的功率。(下行链路频率为 4GHz)。

3. 以功率比和分贝的形式分别计算自由空间损耗(距离为 40000km):

(1)频率为 4GHz 和 6GHz;

(2)频率为 12GHz 和 14GHz;

(3)频率为 20GHz 和 30GHz。

4. 设一处低噪声放大器的噪声因子为 8∶1,试求:

(1)噪声系统;

(2)等价噪声温度。

5. 设一条电缆的衰减为 5dB,试求该电缆相对输入信号的等价噪声温度。

6. 试解释为什么低噪声放大器 LNA 要靠近天线的布置。

7. 噪声温度为 30K 的天线通过一个损耗为 0.7dB 的馈线连到某一个 LNA 上,LNA 的噪声温度为 85K。计算 LNA 输入端的系统等效噪声温度。

8. 一条上行链路,要求的[C/N]值为 20dB。工作频率为 30GHz,带宽为 72MHz。卫星[G/T]为 14.5dB/K。试计算采用 11dB 输入回退模式时的饱和通量密度。

9. 以下参数应用于一条卫星下行链路:饱和[EIRP]为 22.5dBW,自由空间损耗为 195dB,其他损耗为 1.5dB,地球站[G/T]为 37.5dB/K。计算地球站的[C/N_0]值。

10. 一条卫星电路的[C/N]值:上行链路为 25dB,下行链路为 15dB。计算总的 [C/N]值。

11. 地球站接收机要求的[C/N]为 20dB,下行链路[C/N]为 22dB。满足以上所有条件时上行链路[C/N]的最小值为多少?

第4章 卫星通信的多址接入及典型应用

多址技术是指多个用户接入一个公共的传输介质实现相互间通信时，给每个用户的信号赋以不同的特征，以区分不同用户的技术。当涉及卫星通信系统时，具体指在卫星覆盖区内的多个地球站，通过同一颗卫星的中继建立多址之间的通信技术。不同的多址连接方式是根据信号的不同参量来分割的，目前在卫星通信系统中，常见的有频分多址（Frequency Division Multiple Access，FDMA）、时分多址（Time Division Multiple Access，TDMA）、码分多址（Code Division Multiple Access，CDMA）和空分多址（Space Division Multiple Access，SDMA）。

4.1 频 分 多 址

频分多址（FDMA）是卫星通信系统中常见的一种多址连接方式，通过把信道频带划分为若干更窄的互不相交的子频带，然后将每个子频带分给一个用户使用。在本节将介绍频分多址技术，主要包括频分多址工作原理、技术特点和应用特征，频分多址的非线性效应，频分多址的关键技术问题，以及应用举例。

4.1.1 频分多址工作原理

多个地球站共用卫星转发器时，频分多址方式根据配置载波频率的不同来区分地球站的地址，各地球站配置不同的频率，可以是预先固定指配的，也可是按需分配的。在频域上的频分多址是正交分割的。如图 4-1 所示，在频谱上信号集采用互不重叠载频，使用不同载频的带通滤波器用于算符集。若在卫星通信网中采用此种方式工作，则每个地球站发射一个或多个载波给卫星转发器，每个都具有一定的频带载波，它们各自占用卫星转发器的带宽，互不重叠。

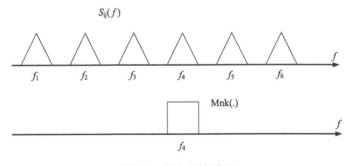

图 4-1　频分多址原理

频分多址的信道配置图如图 4-2 所示。频分多址访问是卫星通信多址技术中的一种较为简单的多址访问方式。FDMA 中以频率来进行分割，在时间和空间上不区分，因此不同的信道占用不同的频段，互不重叠。

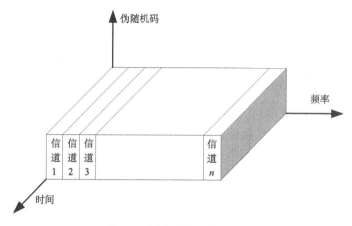

图 4-2　频分多址信道配置图

典型的卫星 FDMA 系统模型如图 4-3 所示。从图中可以清楚地看出，在按频分多址方式工作的系统中，由于是将特定频带分配给各地球站，因而每个地球站向卫星发射信号必须在分配给自己的频带内执行，并在完成放大后沿下行链路重新发回地面。

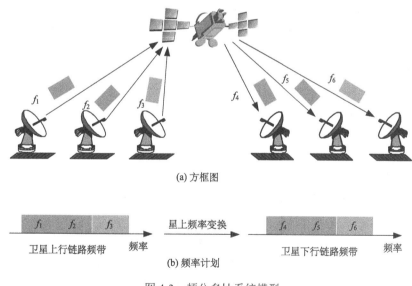

(a) 方框图

图 4-3　频分多址系统模型

4.1.2　技术特点和应用特征

最基本、最古老的多址方式是频分多址方式，简单、可靠和易于实现是其最突出的特点。通常在窄带系统通过频分多址来实现，延时扩展远小于符号时间，无须均衡，发送不间断，系统简单，系统额外开销少，但需要使用双工器，同时为了消除相邻信道的干扰，消除基站的杂散辐射，需要配置精确的射频通带滤波器。

FDMA 的技术优点是设备简单、技术成熟、不需要网同步、工作可靠、可直接与地面频分制线路接口、用于大容量线路时效率高，适用于站少而容量大的场合。

频分多址在应用上需要处理好卫星的带宽和功率之间的关系，功率必须严格控制，需要适当设置保护频带，尽量减少互调干扰的影响。

4.1.3 频分多址的非线性效应

在频分多址系统中，卫星转发器采用的高功率放大器可以同时放大多个载波信号，从几个、十几个到几百个载波。目前，卫星转发器的功率放大器大都采用行波管放大器，是一个非线性放大器，会产生非线性效应。

(1)频谱展宽。经过非线性信道的单载波发送信号，会产生频谱展宽，相邻信道会受其造成的干扰。

(2)信号抑制。经过非线性信道发送多载波信号，会出现抑制小信号的现象，通信效果受到影响。

(3)交调噪声。经过非线性信道发送多载波信号，交调噪声会在发送信号频率以外产生，其他的业务信道将受到其造成的干扰。

4.1.4 频分多址的关键技术问题

较好地解决信道的非线性是频分多址的关键问题，这样才能使发送频谱的形状得到保持，旁瓣不会隆起，使主瓣不会展宽；另外，可使交调频率分量不会在其他频率上产生。可以采用的主要方法如下。

(1)采用高线性度的功率放大器。

(2)频率合理地配置使其避开交调分量。

(3)功率放大器的输出功率倒退法。

(4)功率放大器的线性补偿法。

4.1.5 应用举例

美国 AMPS 系统：FDMA/FDD，模拟窄带调频(NBFM)，按需分配频率；同时支持的信道数：

$$N=(B_t-2B_{保护})/B_c$$

式中，B_t 为系统带宽；B_c 为信道带宽；$B_{保护}$ 为分配频率时的保护带宽。

例 4-1 如 B_t 为 12.5MHz，$B_{保护}$ 为 10kHz，B_c 为 30kHz，求 FDMA 系统的有效信道数。

解： $N=(B_t-2B_{保护})/B_c$

将上述数值代入即有 $N=416$。

4.2　时　分　多　址

时分多址(TDMA)是一种实现共享传输，通常是无线电领域或者网络的通信技术。它允许多个用户通过不同的时间片/时隙来共用频率。本节主要介绍时分多址的工作原理，技术特点与应用特征，时分多址帧结构，时分多址系统同步，以及应用举例。

4.2.1　时分多址工作原理

时分多址中信号集按不同的时隙区分地球站的地址，只允许各地球站在规定的时隙内发射信号，这些射频信号通过卫星转发器时，在时间上是严格依次排列、互不重叠的。如图 4-4 所示，算符集采用相应时隙的选择开关。如图 4-5 所示是时分多址的信道配置。

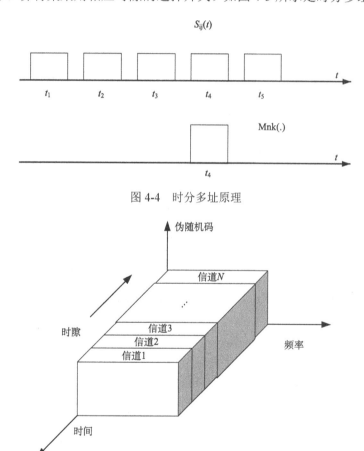

图 4-4　时分多址原理

图 4-5　时分多址信道配置

卫星通信系统中典型的 TDMA 系统模型，如图 4-6 所示。可以清楚地从图中看出，工作在时分多址方式的系统中，由于是特定的时隙分配给各地球站，而并不是特定的频带，因而在分配给自己的时隙中每个地球站必须用相同频率载波将信号发射给卫星，并在通过放大后沿下行链路传输，重新发回地面。

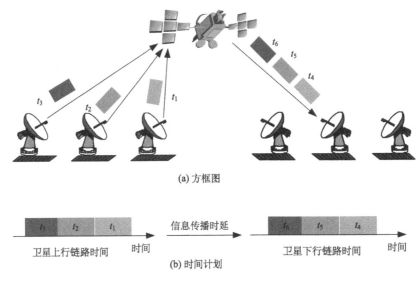

(a) 方框图

信息传播时延

卫星上行链路时间　　时间　　　　　　　　　　卫星下行链路时间　　时间

(b) 时间计划

图 4-6　时分多址系统模型

4.2.2　技术特点和应用特征

时分多址具有如下技术特点。

(1) 一个频率受到多用户共享，有效带宽和调制技术等决定了时隙数。

(2) 分组发送数据，发送不连续，需开关控制。

(3) 由于较高的速率，时常需要使用均衡器。

(4) 大的系统开销，包括同步时隙、保护时隙等。

(5) 采用时隙重新分配方法，目的是提供所需要的带宽给用户。

时分多址具有如下优点。

(1) 避免了 FDMA 中的互调问题。

(2) 大系统容量，卫星功率利用率高。

(3) 信号传输质量提高，利于综合业务接入。

(4) 具有使用灵活性。

时分多址存在的不足如下。

(1) 各地球站之间必须保持同步，所有用户才能得以保证实现卫星资源共享的目的。

(2) 需要使用突发解调器 (在规定的时隙内系统中各站以突发的形式发射其已调信号)。

(3) 在网络中传输，必须将模拟信号转换成数字信号才行。

(4) 初期需要较大的投资，实现系统复杂。

4.2.3　时分多址帧结构

卫星的一个 TDMA 帧定义为在卫星通信系统所有地球站时隙占据的整个时间段。由若干个业务分帧和一个同步分帧组成一个 TDMA 帧，如图 4-7 所示为时分多址系统的帧结构。

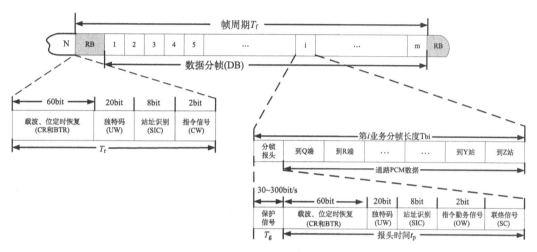

图 4-7　TDMA 系统帧结构

基准站相继两次发射的基准信号的时间间隔称为一帧。TDMA 帧由一个基准分帧和若干个信息分帧组成，每个分帧占据一个时隙。相关的指标参数说明如下。

1. 基准分帧（同步分帧）

TDMA 帧内的第一个时隙，仅用作网络控制和同步，并未含有任何业务信息。同步分帧中含有指令信号（CW）、站址识别码（SIC）、独特码（UW）和载波、位定时恢复（CR 和 BTR）。

2. 数据分帧

数据分帧定义为其他地球站在除基准地球站外占据的时隙。一个数据分帧包含有多个业务分帧，并且多个 PCM 数据信道和分帧报头构成一个业务分帧。

3. 保护时间

保护时间是指在各个时隙之间留有很小的时间间隔。

4. 帧效率

若 T_f 为帧长，如图 4-7 中所示，每一帧包含 m 个业务分帧和一个同步分帧，这说明此系统能够和 m 个地球站实现互通。系统的传输速率 R_b 定义为

$$R_{b} = \frac{B_{r} + mB_{p} + NL}{T_{f} - (m+1)T_{g}} \qquad (4\text{-}1)$$

式中，B_p 为各报头的比特数；B_r 为基准分帧的比特数；T_g 为保护间隔；L 为每个通道的比特数；N 为通道数。

5. 帧长

这要求在 KT_s 时间内能够存入的 KS 比特与 T_f 时间内读出的比特数 L 相等，即

$$K = \frac{L}{S} = \frac{T_f}{T_s} \qquad 或 \qquad T_f = KT_s \qquad (4\text{-}2)$$

式中，K 为一个码符包含的比特数；S 为 PCM 编码后的比特数；T_s 为符号周期。

4.2.4 时分多址系统同步

如图 4-8 所示，一个典型的 TDMA 地球站设备组成示意图，其中帧发送和接收，网络同步是在 TDMA 终端完成，其中实现网络同步需要完成系统的初始捕获和分帧同步，实现卫星线路的控制和分配。TDMA 系统在帧接收与发送过程中，不同特征的信号具有不同的接收和发送过程。话音信号的传送原理与数据传送原理相同，所不同的是 PCM 编码和解码器被异步分路器和异步合路器取代。

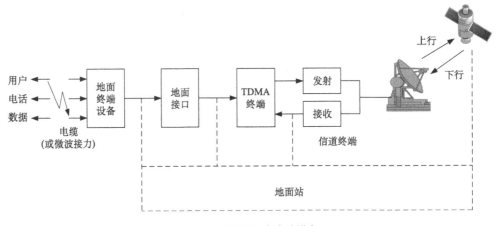

图 4-8 TDMA 地球站设备

卫星发射就目前的技术而言，卫星的位置如果保持高度变化在 0.1% 以内，精度±0.1° 范围，那么卫星可漂移在 75km×75km×75km 的立体空间内。

1. TDMA 系统定时

通常 TDMA 帧周期 (T_f) 是话音采样周期 (125μs) 的整数倍，它与频率为 f_0 的高稳定度 (10^{-11}) 的时钟周期一致。

2. TDMA 系统的同步

时钟同步、载波同步和分帧同步是 TDMA 系统同步考虑的主要内容。其中各接收分帧报头要求在极短的时间内完成时钟信号和基准载波的提取工作。

分帧同步包含两方面内容：一是怎样让数据进入指定的时隙，当在地球站开始发射数据时，而其他分帧不会受到其干扰，即分帧的初始捕获；二是指当分帧信号进入指定时隙时怎样使系统能够处于稳定的工作状态，即保证此分帧与其他分帧维持正确的时间关系，不致造成相互重叠现象的出现，即分帧同步技术。

在卫星通信系统中要配置独立的基准站，存在一个时钟，作为全网的基准时钟。系统中所有业务站都根据这个基准时钟来进行工作。初始捕获和分帧同步是 TDMA 系统同步包括的两个步骤。

1) 分帧初始捕获

分帧初始捕获是指发射于地球站的射频分帧准确地按要求进入卫星转发器指定时隙的过程。在 TDMA 系统中，各地球站的基准信号是以基准站所发射的独特码(UW)作为参考，以其确定自己的发射时间。其捕获的具体步骤如图 4-9 所示，报头结构如图 4-10 所示。

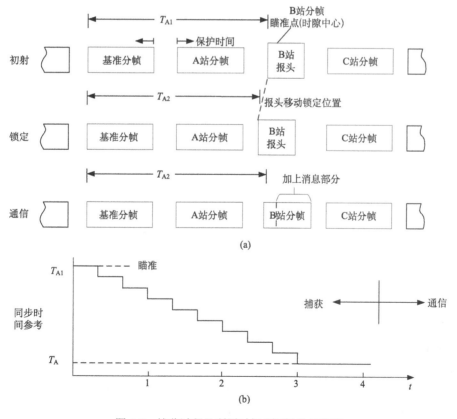

图 4-9　捕获过程及所用时间(实验)的示意图

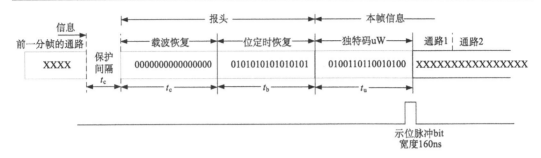

图 4-10 报头结构

2) 分帧同步

地球站发送的分帧为了保持在所规定 TDMA 帧内时隙上，完成初始捕获的分帧同步后，需要完成分帧发送定时控制，如图 4-11 所示给出了分帧同步原理框图。

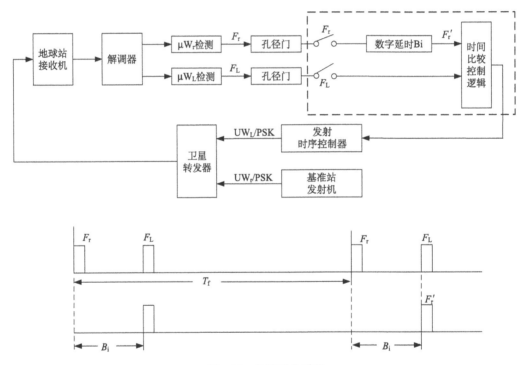

图 4-11 分帧同步原理

4.2.5 应用举例

在 TDMA 系统中，总的信道数为总的 TDMA 时隙数，即每一信道的 TDMA 时隙数乘以有效信道数。

例 4-2 已知一个 TDMA 系统，采用 QPSK 调制方式。设帧长 $T_f = 250\mu s$，系统中所包含的站数 $m = 5$，各站所包含的通道数 $n = 4$ 相同，保护时间 $T_g = 0.1\mu s$，基准分帧的比特数 B_r 与各报头的比特数 B_p 均为 90bit，每个通道传输 24 路(PCM 编码，每取样值编码 8 比特，一帧加一位同步比特）。求 PCM 编码器输出速率 R_s，系统传输的比特率 R_b。

解： $T_s = 125\mu s$， $S = 8 \times 24 + 1 = 193(bit)$ 又一个码符含两比特 $K = 2$。

$$L = 2S = 386(bit)$$

所以

$$R_s = \frac{S}{T_s} = 1.544(Mbit/s)$$

$$R_b = \frac{B_r + mB_p + mnL}{T_f - (m+1)T_g} = 33.12(Mbit/s)$$

4.3 码 分 多 址

码分多址（CDMA）是第三代移动通信系统的核心技术，通过使用码序列相关性实现多址通信。借助不同的地址码来区分地址是码分多址的基本思想，用户发送的载波不仅受基带数字信号调制，而且受地址码调制，每个用户配有不同的地址码，接收时，只有知其配给地址码的接收机，才能解调出相应的基带信号，而其他接收机因地址码不同，无法解调出信号。本节主要介绍扩频技术，码分多址工作原理，直扩码分多址及其关键技术，以及跳频码分多址。

4.3.1 扩频技术

扩频是一种数字调制技术，其发送信号的带宽远大于所传信息需要的带宽，其目的是用高码率的扩频序列（伪随机序列）在发送端去扩展信号的频谱。与扩频相对应的是解扩，其目的是在接收端用相同的扩频码序列来解扩，把展宽的扩频信号还原为初始的信息。

扩频调制的三个主要特征。

（1）所传信息需要的带宽远小于信号带宽。

（2）扩频调制用的是独立于所传数据的扩频码。

（3）接收端是用接收信号和同步扩频码进行相关解扩。

尽管调频及编码等能够实现大于所需的信号带宽，但是它们不属于扩频。扩频的作用是：

（1）在背景噪声下隐藏信号，使其难以被发现（最初在军事应用中使用）。

（2）可以抗窄带干扰和码间干扰（Inter Symbol Interference，ISI）。

（3）为了把不同的多径信号进行合并，可以采用 RAKE 接收机。

（4）可以使多个用户共享相同的频带。

（5）宽带扩频信号有利于获取定时信息。

其中，由于其抗窄带干扰的特性，扩频广泛用于抗码间干扰，而共享频带的特性，让扩频适用于无线局域网和蜂窝系统。扩频增益 G，也称为扩频因子（Spreading Factor）或处理增益（Processing Gain），是描述扩频系统的重要参数因子，定义为将干扰的功率扩展到比信号维 M 更大的 N 维空间后，信干比增加的倍数，即 $G=N/M$。由于 $N \cong 2B_sT$，

$M \cong 2BT$，于是可以得到 $G \cong B_s/B$，即可以描述为扩频信号带宽 B_s 与信息信号带宽 B 的比值。一般处理增益定义为带宽比，但其内在含义是指相对于未扩频系统受到干扰条件下性能增益。

扩频的方式一般包括直扩和跳扩。直接序列扩频（Direct-Sequence Spread Spectrum，DSSS）是指将一个扩频信号或扩频码 $s_c(t)$ 与已调的数据信号 $s(t)$ 相乘，其中在时间 T_c 内 $s_c(t)$ 取值是固定的 1 或−1。扩频码的比特称为码片（Chip），T_c 称为码片时间（Chip Time），码片速率（Chip Rate）为 $1/T_c$。

跳频扩频（Frequence-Hopping Spread Spectrum，FHSS）是指依据扩频码 $s_c(t)$ 的值，在一个宽广的频带内不断改变已调信号的载频。如果码元周期小于跳变时间，则称为慢跳频（Slow Frequency Hopping，SFH）；在一个码元周期内如果存在多次跳，则称为快跳频（Fast Frequency Hopping，FFH）。

4.3.2 码分多址工作原理

使用相同的频率和在任意时间发射，各地球站利用正交（或准正交）伪随机码作为地址信息，对已调信号进行扩频调制，大大地展宽了频谱。在接收端参考本地产生的地址码，根据对接收到的所有信号进行相关性的差异鉴别，从中将地址码与本地地址码进行比较，然后将完全一致的宽带信号还原并选出相应的窄带信号。

窄带调制信号直接相乘伪随机序列（PN 码）实现直扩，或由 PN 序列控制载波发射频率实现跳频，达到频谱展宽的目的。扩频和解扩是一对逆过程，前者在发送端用正交扩频码序列（伪随机序列）扩展信号的频谱，后者在接收端用相同的扩频码序列把扩频信号解扩成原始的信息。

选择尽量好的正交码组是码分多址的首要问题，属于子码域上的正交分割。算符集采用地址码相关器，而信号集使用互相正交的地址码序列，如图 4-12 所示。图 4-12 中给出了直扩码分多址系统的具体实施过程。

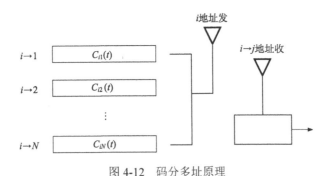

图 4-12 码分多址原理

根据码分多址的工作原理，其信道配置如图 4-13 所示。

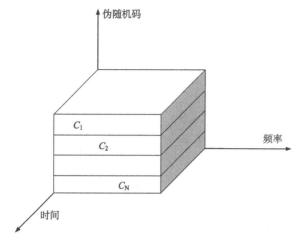

图 4-13　码分多址信道配置

4.3.3　直扩码分多址

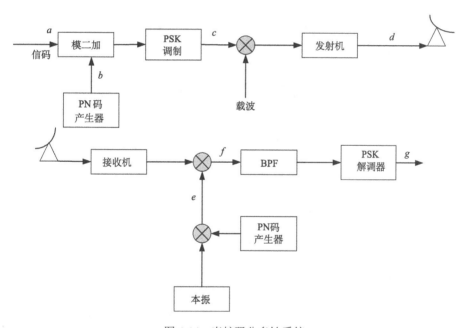

图 4-14　直扩码分多址系统

如图 4-14 所示，给出了一个直扩码分多址系统示意图，如果将具体的信码给出值 (10)，借助 PN 码可以展示其扩频和解扩的过程，如图 4-15 所示。

直扩码分多址中的系统参数包括以下方面。

(1) 信息速率：原始信息的速率。

(2) 码片速率：地址码速率。

(3) 扩频比：码片速率和信息速率的比值。

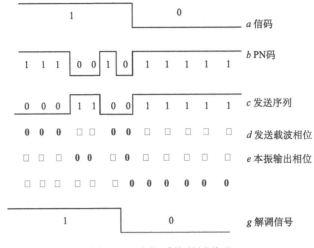

图 4-15　直扩系统举例说明

（4）地址码周期、地址码码长。

（5）地址码的正交性及数目。

（6）地址码的同步及捕获性能。

下面给出较为详细的说明。如图 4-16 所示，扩频的实现。

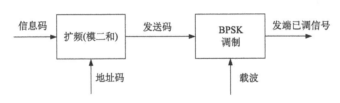

图 4-16　扩频过程框图

扩频过程波形如图 4-17 所示。

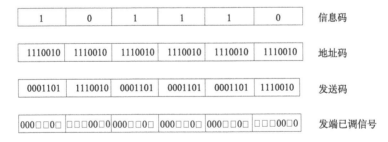

图 4-17　扩频波形

解扩的实现，如图 4-18 所示解扩过程框图。

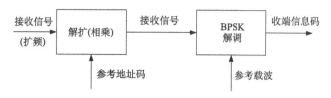

图 4-18　解扩过程框图

解扩波形如图 4-19 所示，相应的频谱分析如图 4-20 所示。

000□0□	□□□00□0	000□□0□	000□□0□	000□□0□	□□□00□0	接收信号(扩频)

1110010	1110010	1110010	1110010	1110010	1110010	参考地址码

		0			0	接收信号(解扩)

1	0	1	1	1	0	收端信息码

图 4-19　解扩波形

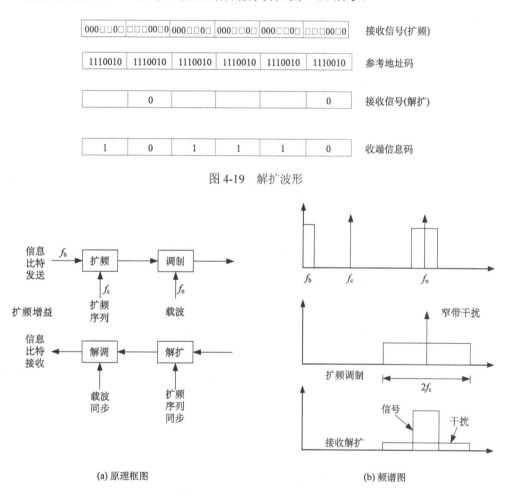

(a) 原理框图　　　　　　　　　　　　　　(b) 频谱图

图 4-20　扩频解扩频谱图分析

4.3.4　直扩码分多址关键技术

此节介绍直扩码分多址的关键技术，包括地址码的选择、地址码的捕获与跟踪，以及远近效应与功率控制。

1. 地址码选择

最典型的是线性移位寄存器序列，即 m 序列。

2. 地址码的捕获与跟踪

此项码分多址关键技术，可以分为两个过程。

(1)捕获，即地址码的相位确定。

(2)跟踪，即维持地址码相位的同步。

3. 采用方法举例

(1)匹配滤波器用于捕获处理。

(2)延迟锁定环用于跟踪。

4. 远近效应与功率控制

远近效应是指当基站接收两个距离不同的移动台同时发来的信号时，由于距离基站较远的移动台具有较弱的信号，距离较近的移动台具有较强的信号，则强信号来自与距离基站近的移动台，将对弱信号来自距离较远的移动台会产生严重的干扰。

CDMA 是一种干扰受限的系统，这是由于地址码不可能完全正交造成的。尽管采用理想的正交分割和理想的正交码，但由于不理想的同步电路及信道传输，将会导致产生码型噪声。

假定所有的用户发送一样的功率，由于传输距离不同(即传输衰减不同)会造成来自不同地址的码型噪声有很大的差别，尤其是用户处于距离基站很近的位置时，将会产生很大的码型噪声，因而造成较高的接收干扰，降低了有效用户数，即 CDMA 系统的远近效应。

功率控制是解决远近效应的方法之一，包括闭环功率控制和开环功率控制，如图 4-21 所示。

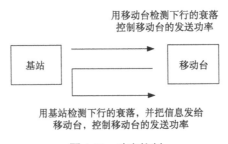

图 4-21　功率控制

CDMA 在卫星通信中的技术特点是用户共享一个频率，无须频率规划，保密性好，抗干扰、抗截获能力强，利用多径，采用 RAKE 技术提高系统性能；然而卫星通信中的 CDMA 频谱利用率较低，不适合大容量干线使用，目前除用于军用卫星通信系统外，主要用于卫星移动通信系统和少数小容量 VSAT（Very Small Aperture Terminal）系统。

4.3.5 跳频码分多址

实现跳频码分多址的方法：用 PN 码在发送端控制频率合成器，发射频率在一个宽范围内随 PN 序列跳变，跳频系统占用比信息带宽要宽得多的频带；首先本振的同步跳频在接收端实现，然后某个固定中频被还原，进行解调。该多址通信避免了远近效应，具有良好的抗干扰特点，跳频原理框图如图 4-22 所示。

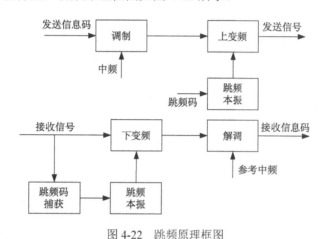

图 4-22　跳频原理框图

跳频码分多址具有以下的特点。
(1) 采用跳频实现多址。
(2) 不同的跳频序列分配给每个地址。
(3) 抗干扰能力强、安全性能好。
(4) 跳频的关键技术难点是同步跟踪。
(5) 存在频率碰撞和深度衰落问题。
(6) 军事抗干扰通信中多采用纯跳频系统。

4.4　空　分　多　址

空分多址（SDMA）利用标记不同方位相同频率的天线光束来进行频率的复用，又称为多光束频率复用。空分多址通过实现频率的重复使用，达到了充分利用频率资源的作用，其基本思想是使用空间角度分隔、频率、时间、码字，实现占用不同空间的传输介质来分割构成不同信道的技术。本节主要介绍空分多址的定义和原理。

4.4.1　空分多址定义

利用不同的用户空间特征区分用户实现多址通信的方式即是空分多址。目前，用户的位置是利用最多也是最明显的特征。结合电磁波传播的特征能实现不同地域的用户在使用同时间同频率时互不干扰的通信，如使用窄波束天线或定向天线，使电磁波局限在波束范围内，按一定指向辐射，不同波束范围使用相同的频率，也可控制发射的功率，让其只能在有限的距离内产生电磁波作用。而地域在电磁波作用范围以外的仍可使用相同的频率，不同用户以进行空间区分。实际上在频率资源管理上这一思想早已被采用，可以说是一种较古老的多址方式。但近年来，由于这种多址方式在蜂窝移动通信中得到了充分的应用，有限的频谱才能用于构成大容量的通信系统，称为频率再用技术，已成为蜂窝通信中一项关键的技术。卫星通信中空分多址采用窄波束天线实现，频谱的利用率得到了有效提高。由于空间不可能实现太细的分割，尽管阵列处理技术被卫星天线采用，较大地提高分辨率，但在通常情况下某一空间范围不可能只有一个用户，所以空分多址一般需要与其他多址方式综合运用。

　　近年来，人们发现可以利用的空间特征是不仅仅有位置，在技术飞速发展的今天，当时认为无法利用的一些空间特征现在正逐步被利用，以智能天线为基础的，形成了新一代的空分多址方式。广义的 SDMA 是以位置为特征的空分多址。

4.4.2　空分多址的原理

　　当通信卫星采用多波束天线，利用波束的不同空间指向区分不同区域地球站信号，同一信道能够被所有波束同时使用的方式即为空分多址。星上交换设备(SS)是采用空分多址方式工作的卫星必要设备。空分多址时常与其他多址方式相结合实现多址连接，如与 TDMA、FDMA 结合等。当卫星天线增益高(波束窄)，卫星功率可得到合理有效的利用。

　　在空间指向上不同区域地球站的信号互不重叠，可使用频率重复实现；空中交换要求姿态稳定度高，要配置较复杂和庞大的天线(各天线具有指向不同的波束)，卫星空分多址如图 4-23 所示。

图 4-23　卫星空分多址

　　空分多址 SDMA：定向天线产生来自于天线阵列或其他方式，同样都能使信号增加一个角度维自由度，由此不同用户信号使用到达天线接收阵列的空间不同特征图区分用户。空分多址方法包括两种：蜂窝划分和扇区划分，如图 4-24 所示。

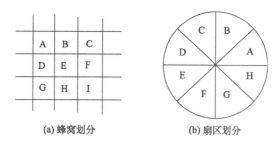

(a) 蜂窝划分　　　　　　　(b) 扇区划分

图 4-24　空分多址方法

空分多址利用天线实现，具有以下特点。

(1) 控制用户的空间辐射能量。

(2) 服务于不同用户使用定向波束天线。

(3) 一种基本方式是扇形天线。

(4) 自适应天线，效果更好。

(5) 最适合和 CDMA 及 TDMA 系统结合。

如图 4-25 所示，给出了空分多址利用天线实现的示意图。在空分多址中，天线的自适应定向是需要很好地解决的重要问题。目的是让天线拥有较好的波束，并能快速跟踪用户，通常是通过自适应技术和天线阵技术实现。实际应用中，通常 SDMA 方式不会单

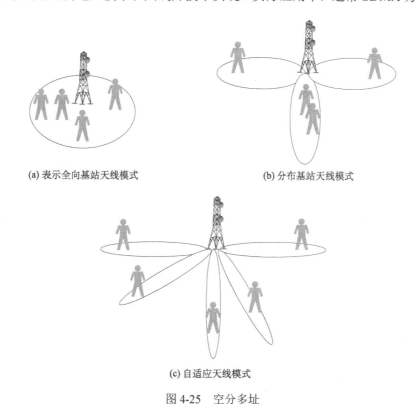

(a) 表示全向基站天线模式　　　　　　　　(b) 分布基站天线模式

(c) 自适应天线模式

图 4-25　空分多址

独被使用，而将 SDMA 与其他多址方式进行结合使用，如星上交换 SS-FDMA 和星上交换-时分多址(SS-TDMA)方式。

　　SS-FDMA 是 SDMA-SS-FDMA 系统的简称，若干点波束天线设置于卫星上，利用波束的指向不同区分不同区域的地球站，各波束共享相同的频率。波束内的地球站信号使用 FDMA 进行区分。卫星上有一个交换矩阵和一组滤波器，将从不同上行波束达到的 FDMA 信号按需分别送到不同的下行波束，如图 4-26 和图 4-27 所示，SS-FDMA 系统模型及其原理图。

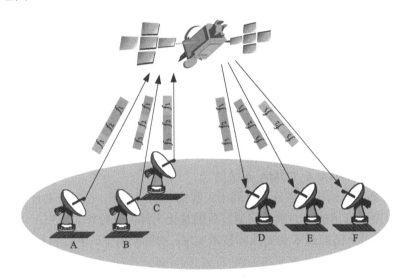

图 4-26　SS-FDMA 系统模型

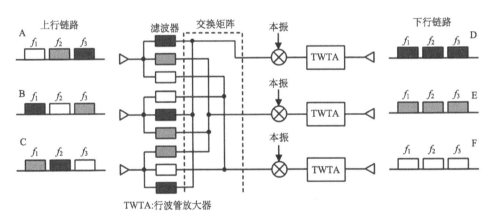

图 4-27　SS-FDMA 原理图

　　SS-TDMA 是 SDMA-SS-TDMA 系统的简称。将若干点波束天线设置于卫星上，利用波束的不同指向区分不同区域的地球站。一个波束内的地球站发送信号使用 TDMA 方式区分。将一个可编程快速交换矩阵(MSM)配置于卫星上，将从不同上行波束达到的 TDMA 突发按需要分别送到不同的下行波束去。地球站需要准确知道星上交换矩阵的切换时间，从而使本站的发射时间得到控制，在准确的时间里以保证通过交换，使严格的同步得以建立。SS-TDMA 系统适合业务量大、站数多、卫星频带严重不足的场合，其系统模型和原理图分别如图 4-28 和图 4-29 所示。

图 4-28　SS-TDMA 系统模型

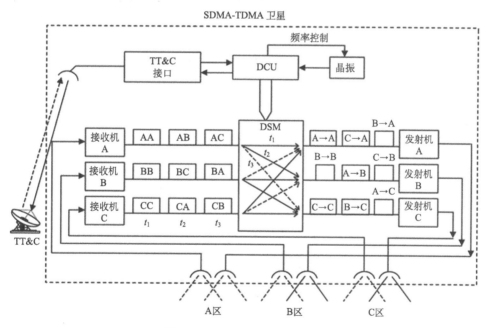

图 4-29　SS-TDMA 系统原理图

4.5　混 合 多 址

前面已经介绍了四种多址技术,在卫星通信系统中它们的特点及其应用如表 4-1 所示。

表 4-1　卫星通信中各种多址方式的特点

技术名称	优点	缺点	适用场合
频分多址 (FDMA)	(1)技术成熟 (2)地球站设备简单 (3)无须网同步	(1)转发器有互调问题,多载波时效率降低 (2)功率需控制,大小站不易兼容 (3)使用不灵活	适用于中、大容量的线路 SCPC 适用于站多而容量小的系统
时分多址 (TDMA)	(1)转发器工作于单载波,功率可充分利用 (2)各站工作于不同时隙,无须控制功率,大小站可以兼容	需要精确的网同步、子帧同步	适用于中、大容量的系统
码分多址 (CDMA)	(1)抗干扰保密性能较强 (2)能经受传输线路上参数变动的影响,如多径衰落 (3)无须同步	(1)频带利用率低 (2)正交地址码选择较难 (3)地址码捕获时间较长 (4)系统自身的干扰较大	适用于军事通信或其他小容量系统
空分多址 (SDMA)	(1)星上用窄波束天线,可实现频率重复使用 (2)频带利用率提高 (3)可降低地球站要求	(1)卫星姿态控制严格 (2)星上需有交换设备、复杂 (3)波束不可能太细,需与其他多址方式综合使用	适用于站少而容量较大的系统

从表 4-1 可知,这四种关键多址技术各有优势,由此可以考虑将其结合形成混合多址技术,提高其通信性能,下面介绍常用的混合多址技术。

1. 混合频分/码分多址(F/CDMA)

码分多址与频分多址的混合多址技术,如图 4-30 所示。相比于原来的 CDMA 系统,降低了一些处理增益,优点是系统容量是各子带容量之和,不需要带宽连续。

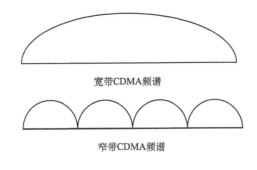

宽带CDMA频谱

窄带CDMA频谱

图 4-30　F/CDMA 频谱

2. 混合直扩/跳频码分多址(DS/FH-CDMA)

跳频与混合直扩的码分多址技术,其频谱表示如图 4-31 所示。频谱信号的中心频率被直接序列扩展以伪随机方式变化。优点是远近效应问题得到了避免,但软切换处理不适合。

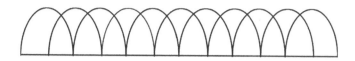

图 4-31　DS/FH-CDMA 频谱

3. 混合直扩/时分多址(DS/TDMA)

将不同扩频代码指定给不同的小区，在每一小区内，仅将特定时隙分配给一个用户，用户的扩频码在切换时变为新小区的，优点是远近效应得到了避免，不同的扩频码分配给不同小区，一个特定时隙分配一个小区用户，避免了远近效应，本质上还是 TDMA，扩频只是用于抗干扰。

4. 混合跳频/时分多址(FH/TDMA)

在一个新的 TDMA 帧开始时用户可以跳到一个新的频率，由此在一个特定的信道上避免了碰撞事件或严重衰落。假设在不同频率和不同时间使两个互相干扰的基站发射机发射，那么邻近小区的同信道干扰问题可以避免，GSM 的容量成倍地得到增加，但本质上还是一帧一跳的 TDMA。

4.6　典型卫星通信系统的多址方式

前面的内容介绍了常用的卫星通信系统多址技术，主要有四种，即频分多址、时分多址、码分多址和空分多址。本节主要介绍多址技术在卫星移动业务中应用，以及三种典型卫星通信系统的多址方式，包括"铱(Iridium)"系统、"全球星(Globalstar)" 系统和"ICO"系统。

4.6.1　多址技术在卫星移动业务中的应用

近年来，已经逐渐兴起将卫星通信技术应用于移动通信业务。尽管蜂窝系统能够较好地解决人口密集地区和城市的移动通信需求，但地面蜂窝系统需构筑大量的基站和地面网络，然而由于经济和技术因素的限制，在边远地区和海洋、岛屿等处很难实现。考虑到卫星通信的诸多技术特点，如覆盖面广，容易在覆盖范围内建立通信，灵活的组网等，因而将其应用于移动通信，使卫星移动通信得以发展。结合地面蜂窝系统，能够使地面蜂窝系统的不足得到弥补，从而使上述地区移动业务的需要得到解决。如图 4-32 所示给出了几种移动通信系统的服务范围。

1976 年，为港口和船舶服务的卫星通信系统——Inmarsat-A 被 INMARSAT(国际海事卫星组织)推出，随后 Inmarsat-Aero、Inmarsat-B 和 Inmarsat-M 等系统被相继推出，目的是为了解决飞机、车辆和船舶等移动载体的通信问题。以上系统都是采用地球同步轨道卫星转发信号，来自离地面约 36000km 的同步轨道，其主要优点如下。

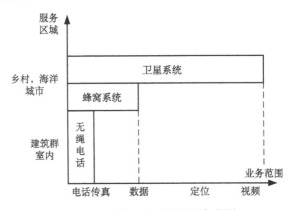

图 4-32　几种移动系统的服务范围

(1) 宽的覆盖面，只需 3 颗卫星几乎就能覆盖除两极地区的全部地球表面。

(2) 离地面的相对位置比较稳定，较简单的移动终端天线跟踪卫星波束。

(3) 较为稳定的信道。

(4) 高纬度地区除外，较大的天线仰角，多径效应影响较小，可以支持宽带业务。此类卫星采用与固定站台的卫星通信相同的多址技术。

由于卫星距地面远，也将引发一些问题，即：

(1) 较长的延时，约需 250ms 完成单跳（从发到收），加上编解码和陆上链路延时，实时通信的效果将受到影响。

(2) 较大的传输损耗，要求较大的发射功率、较高的接收机灵敏度，难以做到手持终端。

(3) 即使采用点波束天线，也不易控制覆盖面，空分多址只能在较大范围内实现。

近年来，为解决上述问题发展了中、低轨道卫星，其中中轨道卫星距离地面 5000～20000km，低轨道卫星距离地面 300～1500km。由于卫星在不同步轨道上，相对地面而言，卫星总是保持运动的，轨道越低，运动速度越快。另外，轨道越低，每颗卫星覆盖面积越小，若要覆盖广大地域，需要更多的卫星数。所以组成星座总是用多颗卫星，绕地球运行。低、中轨道卫星的特点如下。

(1) 短延时，低轨道卫星 5～35ms 的延时，而中轨道 70～80ms 的延时。

(2) 传输损耗小，与同步轨道相比低数十分贝，手持终端可用。

(3) 较小的多径效应影响。一般卫星与地面终端的仰角在 20°以内，具有明显的多径效应。仰角在 20°～40°范围内多径效应不显著，仰角在 40°以上多径效应基本无影响，要保证高质量通信，仰角需要大于 70°。当有足够多卫星数目时，实际是在利用本站上空的卫星，大的仰角，大部分时间多径效应等影响可以不考虑。

(4) 低轨道卫星可以较容易地在下行链路通过波束限定覆盖范围，方便频率再用，多颗卫星可以实现多次相同频率复用。

与地面蜂窝系统对比，卫星移动通信系统中的漫游和越区有所不同。小区、交换局覆盖的服务区在地面系统中是固定的，交换局间与基地台的链路也是固定的。而在中低轨道卫星移动系统中，整个星座高速绕地球运动，相对于星座而言地面移动用户的移动速度可以忽略。在地面,无论用户移动与否,与星座间的相对位置都在高速移动,"切换"问题都存在。整个中低轨道卫星系统由于处于运动状态,它们将具有动态的网络拓扑结构。网络节点随时间变化,其连接状态发生变化,调整网络结构需要自适应地实现。

目前低轨道卫星系统有"铱"系统和"全球星"系统,中轨道卫星系统有 2000 年投入运行的"ICO"系统。"铱"系统的设计思想与"全球星"和"ICO"系统有很大不同,比较有特色,下面将简要介绍,说明其采用的多址方式的特点。

4.6.2 "铱"系统多址技术

构筑一个独立性较强(指对地面依赖的程度)、较完备的全球性蜂窝系统是"铱"系统的设计思想。"铱"系统使用了 66 颗(原始设计为 77 颗)距地面 785km 的低轨道卫星,绕地球运行轨道周期为 1 小时 40 分 9 秒,卫星可视时间(即卫星过顶时间)为 9min。TDMA/FDMA/SDMA 等技术是该系统综合运用的多址技术。多址通信在星上采用点波束天线实现,各个卫星使用 3 个 16 波束的相控阵天线,投射 48 个点波束到地面,构成蜂窝结构,每一个小区被一个点波束覆盖。小区直径 689km,一个小区群由 7 个点波束组成。

使用的卫星总带宽为 10.5MHz,将其分为若干个频率槽,多路时分信号在每个频率槽中传输,称为多频时分多址(MF-TDMA),即 TDMA/FDMA 制。每时分帧为 60ms长度,分为双向时才有 14 个子帧,图 4-33 给出了卫星到移动终端的 TDMA 帧结构。相比于蜂窝制的 TDMA,不同之处在于:仅 2 个时隙被每小区使用,每个双向时隙提供9 个信令信道和 55 个话音信道,每小区有 18 条信令信道和 110 条话音信道。

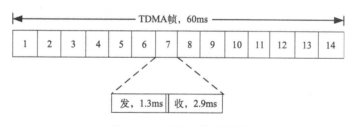

图 4-33　"铱"系统帧结构

相近的小区群采用不同载频,以实现 FDMA 多址方式。覆盖不同地域的不同点波束也可以用同样的载频以 SDMA 方式实现多址。用户间通信存在多种情况,有在同一波束覆盖范围内的,有同颗星的不同波束覆盖的,也有不同星覆盖的。由于"铱"系统是相对完备的,具有较少的地面关口站,所以对星上处理的能力要求很强。"星上交换"的实现需要具备"星际链路",不同星覆盖范围内和不同波束的用户间的通信联络能被直接处理,采用先进而又复杂的技术。为此"铱"系统付出了高昂的代价,其终端价格约为地面蜂窝手机价格的 6 倍,且服务费用为 4~14 倍,在一定程度上影响了其发展。在开展业务后,尤其是近几年,费用大大降低。

如上所述,相较于地面蜂窝移动通信系统,卫星移动通信系统的切换较为复杂。"铱"系统的切换有如下几种情况。

（1）越区切换：指由于波束的移动，在同一颗卫星覆盖范围内，用户从这一波束的覆盖范围移到另一波束的覆盖范围内进行的切换。

（2）越星切换：指用户从一颗卫星覆盖范围移至另一颗卫星覆盖范围而进行的切换。

（3）虽然地面关口站与用户的位置没有变化，但由于移动的星座，关口站间的链路与卫星将发生切换，相当于地面系统的"漫游"。

很多功能是通过星上交换和星际链路完成的，避免了卫星与地面信息的"多跳"传递，缩短了延时。

4.6.3　"全球星（Globalstar）"系统多址技术

"全球星"系统是指用距地面 1414km 的 48 颗低轨道卫星组成的星座，绕地球运行的周期是 114min，约 17min 的卫星可视时间。

与"铱"系统相比，"全球星"系统将空间系统作为地面蜂窝系统的扩展和延伸，充分利用现有较成熟的技术和地面资源，降低成本，简化空间系统，无星际链路，也无星上交换。卫星仅是透明转发地面信号，地面关口站承担交换等功能。卫星体积小，功能简单，发射费用低，造价低，能够较经济地解决通信不发达地区或无通信设施的通信问题。与地面蜂窝系统相比，预计手机价格和服务费用略高些，该系统是由美国 Qualcomm 公司和 Loral 公司发起建设的。

Qualcomm 公司在地面蜂窝系统中所用的 CDMA 技术也被"全球星"系统采用，该技术体制被国际电联推荐，已经成为陆地移动通信的一种标准。16.5MHz 的上下行带宽各分成 13 条 1.25MHz FDMA 信道，每条 1.25MHz 信道可支持 27~44 个 CDMA 用户。每颗卫星上有 16 个点波束天线，采用相同的 CDMA/FDMA 多址方式，覆盖不同的地域是按空分多址原则实施的。所以 CDMA/FDMA/SDMA 等是"全球星"系统综合运用的多址方式，2800 个用户是每颗卫星达到的总容量。

值得注意的是，在卫星移动通信系统中，还要考虑卫星的特点，不仅有干扰和带宽限制，还要考虑到功率的限制。在一定的转发器功率条件下，该转发器承担的用户数由每个用户所需的最低功率确定。在卫星系统中功率控制问题更为重要，倘若控制不当，将会造成多址干扰和强干扰信号不能有效抑制，会影响系统容量。由于一个点波束最多可有 13 条 1.25 MHz 频分复用信道，线性转发器也是一个重要问题。在 CDMA 地面蜂窝系统中，通过基地台利用扇面天线减少多址干扰，可以增加容量，但是这一优点在卫星 CDMA 系统中却无法实施。

由于没有星际链路和星上交换等设施，必须通过地面关口站转接，才能完成在不同星的覆盖区内用户间通信，要多次往返于地面与卫星之间，虽然轨道距地面不远，但还是增加了延时。本系统可以认为是地面蜂窝系统的扩展设计，所以必须是能适应两种系统的移动用户终端，或者说应是"双模的"。

4.6.4　"ICO"系统多址技术

Inmarsat-P21 系统是"ICO"系统的前身，ICO 全球通信公司于 1995 年由 Inmarsat 组织并建立，即以"ICO"为名来命名系统，2000 年投入运营。最早开展卫星移动通信业务的是 Inmarsat。

"ICO"系统用离地面 10355km 的 12 颗中轨道卫星组成绕地球运行的星座,其卫星可视时间为 120min。ICO 系统卫星由于运行在较高轨道上,其移动速度比低轨道卫星慢,"呼叫"中断的可能性和切换的次数可以被大大降低。延时介于低轨道卫星和同步轨道卫星之间,100ms 以内的单跳时间,小于 200ms 的总延时。卫星有一定的覆盖重叠,在任何时间,用户能都看到 2～4 颗卫星,并且能提供很高的仰角,多径效应的影响也被减弱了。可以看出在技术性能方面,中轨道卫星系统介于低轨道卫星系统和同步轨道卫星系统之间。

TDMA/FDMA 方案作为其采用的多址方式。卫星只作为信号的中继,无星上处理功能,与"全球星"系统的情况相同。

4.7　习　　题

1. 什么是多址接入? 简述常用的多址技术及其各自的工作原理。

2. 常用的 CDMA 系统分为几类? 其特点分别是什么? 不同的用户信号是如何区分的?

3. DS-CDMA 与 TDMA、FDMA 相比有哪些主要的差别?

4. 空分多址的特点是什么? 空分多址可否与 CDMA、TDMA、FDMA 相结合? 为什么?

5. 为什么要采用混合多址方式? 说明 MF-TDMA 的技术特点及优缺点。

6. 解释在卫星 TDMA 系统中,为什么需要一个参考突发(子帧)? 在 TDMA 业务突发(子帧)中,报头的作用是什么?

7. 解释 TDMA 帧效率的含义。

8. 在 TDMA 网络中,若业务突发的报头和参考(基准)突发都需要 560bit,突发之间的保护间隔等效为 120bit,给定一帧内有 8 个业务突发和 1 个参考突发,帧总长度等效为 40800bit,试计算帧效率。

9. 若 CDMA 系统的处理增益为 255,要求接入系统的每条信道信噪比为 9dB。假定系统的高斯噪声干扰可以忽略,最大允许的接入信道数是多少? 若高斯噪声干扰电平与系统(接入信道数最大时)的多址干扰电平相同,此时允许接入系统的最大信道数又是多少?

10. 假定信息数据流的信号频谱成形滚降因子为 0.2,并采用 QPSK 调制,通过一个 36MHz 的转发器传输,其最大的比特速率为多少?

第5章 VSAT网及应用

甚小口径终端(Very Small Aperture Terminal，VSAT)，也称为"甚小天线地球站"，或者卫星通信地球站、微型地球站或小型地球站，是卫星通信系统发展过程中的产物。本章将对 VSAT 卫星通信网的概念和特点进行介绍，并且对 VSAT 网的组成及网络结构、业务类型、VSAT 网的总体方案设计和技术发展进行说明。

5.1 VSAT 卫星通信网的基本概念及其特点

5.1.1 VSAT 卫星通信网基本概念

由于早期的地球站规模比较大，成本较高，且仅限用于大型的国际交换网络，限制了推广卫星通信的广泛使用。但是随着技术的不断发展和成熟，人们开始意识到了缩小地球站规模的可能性，从而去发展小型地球站的技术。

VSAT 是 20 世纪 80 年代由美国 Telcom General 推出的一个卫星地球站设备，天线口径通常为 0.3~2.4m，具有在用户端安装方便的特点。顾名思义，VSAT 卫星通信网就是由 VSAT 组建的通信网，一般由大量具有甚小口径天线的智能化小型或微型地球站和一个(或几个)大站协同工作构成，能够支持较大范围的单向或双向数据、图像、话音、其他综合信息及电信业务。VSAT 已经广泛应用于军事、石油技术服务、水利气象、金融、新闻、航空、人防及沙漠边远地区的数据通信。

5.1.2 VSAT 卫星通信网特点

VSAT 的建造成本不高，且容易在作业现场或其地面线路难以到达的场合进行安装。VSAT 小站与中心站通过网络的形式协同工作，一般由一个中心站控制许多小站，形成广域卫星通信网。VSAT 卫星通信网是综合运用一系列先进技术的结果，其主要特点如下。

(1)小口径天线，设备简单，质量轻，体积小，造价低，耗电省，安装、维护和操作简便。

(2)组网灵活，易扩展和改进，接续方便。

(3)性能好，通信效率高，通信容量可以自适应变化，可靠性高，适于多种业务类型和多种数据率，传输综合业务，方便向 ISDN 过渡。

(4)能够建立直达电路直接面向用户，能够直接接口用户终端。

(5)高集成化程度，VSAT 从外表看只有大线、室内单元和室外单元三部分。智能化(包括接口智能化、操作智能化、信道管理智能化、支持业务智能化等)功能强，可实现无人操作。

(6)VSAT 站较多，但各站处理的业务量较小。

（7）拥有一个较强的网管系统。

（8）独立性强，通常作专用网使用，用户享有控制网络的权利。

（9）互操作性好，在同一个 VSAT 网内，跨越不同地面网，能够保证采用不同标准的用户进行通信。

VSAT 在其卫星通信网中起到了重要的作用，按照不同的使用方式和特点可以分为如下几点。

（1）按安装方式，可分为固定式、手提式、车载式、船载式、机载式等，具体如图 5-1 所示。

(a) 固定式

(b) 手提式

(c) 车载式

(d) 船载式

图 5-1　VAST 安装方式示意图

（2）按主要业务分类，可分为小数据站、小通信站、小电视单收站（TVRO）。

（3）按网络结构分类，可分为星形结构、网状结构、混合结构。

（4）按收发方式分类，可分为单收、单发、双向。

（5）按业务性质分类，可分为固定业务、移动业务。

（6）根据天线口径、调制类型、传输速率以及应用等综合特点分类，可分为如下几种。

①VSAT 非扩频，它的特点是高速、双向交互传输，采用非扩频的 PSK 调制和自适应带宽控制等。

②VSAT 扩频，工作于 C 波段，采用直接序列扩频技术，如美国赤道公司的 C-100 和 C-200。

③USAT 特小口径终端，天线口径为 0.25～0.3m，是目前用于双向数据通信最小的地球站（便携式终端），又称为移动式 VSAT 或 MSAT，且采用了混合调制技术。

④TSAT（T1 载波小口径终端），工作频段为 C 或者 Ku 波段，比地面的 T1 网络更为灵活，且网络监视与控制能力强，调制解调器采用了软判决等新技术。

⑤TVSAT，主要用于广播文娱活动和商业电视(BTV)节目，也可以提供图像和高速数据业务。

表 5-1 给出了 VSAT 的主要特点。

表 5-1　VSAT 的主要特点

类型	VSAT	VSAT(扩频)	USAT	TSAT	TVSAT
天线直径/m	1.2～1.8	0.6～1.2	0.3～0.5	1.2～1.5	1.8～2.4
频段	Ku	C	Ku	Ku/C	Ku/C
外向信息率/(kbit/s)	56～512	9.6～32	56	56～1544	—
内向信息率/(kbit/s)	16～128	1.2～9.6	2.4	56～1544	—
多址(内向)	ALOHA S-ALOHA R-ALOHA DA-TDMA	CDMA	CDMA	TDMA/FDMA	—
多址(外向)	TDM	CDMA	CDMA	TDMA/TDMA	PA
调制	BPSK/QPSK	DS	FH/DS	QPSK	FM
连接方式	无主站/有主站	有主站	有主站	无主站	有主站
通信规程	SDLC，X.25 ASYNC，BSC	SDLC，X.25	专用		

5.2　VSAT 网的组成及网络结构

5.2.1　VSAT 数据网的组成及工作原理

VSAT 网一般由主站、卫星转发器和若干远端小站(VSAT)三部分组成，通常采用星形结构，图 5-2 为其典型示意图。

1. 主站(中心站)

主站又称为中心站或中央站或枢纽站(HUB)，它承担着 VSAT 网的核心功能。与普通地球站相比，具有相同的组成和作用，配置大型天线，一般天线直径为 7～13m(C 波段)或 3.5～8m(Ku 波段)，并且配有低噪声放大器(LNA)、高功率放大器(HPA)、上/下变频器、调制解调器及数据接口设备等。主站通常与主计算机放在一起或通过其他(地面或卫星)线路与主计算机连接。主站内存在一个网络控制，负责监测、管理、控制和维护网络。主站对于整个 VSAT 网的运行起到至关重要的作用，因为其出现故障将影响全网的正常工作，因此该设备需要备份。一般来说为了便于重新组合，采用主站模块化结构，使用高速局域网方式互连各个设备。

主站的高功率放大器(High Power Amplifier，HPA)需求和众多影响因素有关，如通信体制、工作频段、发射的载波数目、数据速率、卫星的特性，以及远端接收站的大小和位置等。其额定功率通常为数百瓦(最大达数千瓦，最小 1W)。当额定功率为 1～10W时，通常使用固态砷化镓场效应管(Gallium Arsenide Field Effect Transistor，GaAsFET)

放大器；当额定功率为 10～50W 时，通常使用行波管放大器(Travelling Wave Tube Amplifier，TWTA)；而当额定功率为 500～2000W 时，通常使用速调管放大器。例如，使用 C 波段发射载波为 6～10 个的 11m 地球站，高功率放大器的功率约为 300W。

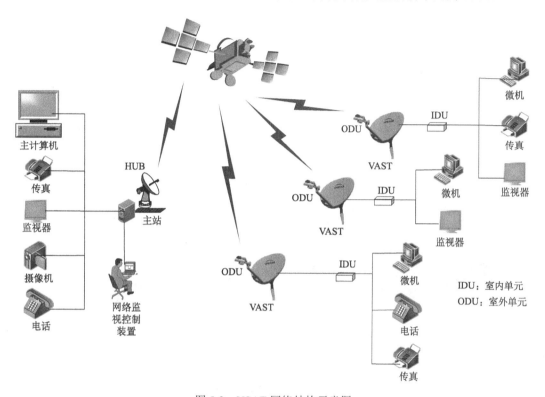

图 5-2　VSAT 网络结构示意图

2. 小站(VSAT)

VSAT 一般由室内单元(IDU)、室外单元(ODU)和小口径天线组成，如图 5-3 所示。

图 5-3　小站示意图

VSAT 天线有两种形式，即正馈和偏馈，正馈天线具有较大的尺寸，而偏馈天线具有较小的尺寸、性能好(旁瓣小、增益高)，且具有不易堆积冰雪的结构特点，得到大量使用。小站 VSAT 的室外单元(ODU)主要由固态功率放大器、低噪声放大器、检测控制电路及上/下变频器等模块构成，如图 5-4 所示。室外单元的组件具有紧密集成化的特征，还具有易散热、防水、便于安装的结构特点，一般设置在天线馈源附近，图 5-5 为 VSAT 实物图。

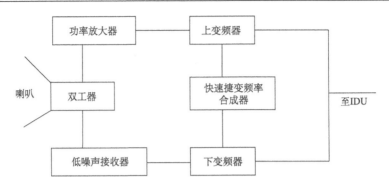

图 5-4　室外单元(ODU)

图 5-5　VSAT 实物图

　　室内单元(IDU)框图如图 5-6 所示，主要由调制解调器、FEC 编译码器、固定频率合成器和基带接口组成。室内单元可以分为两种类型，即以话音为主和以数据为主的室内单元，主要包括以下几种。

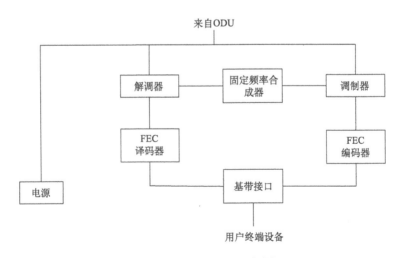

图 5-6　室内单元(IDU)框图

1）信源编码器

信源编码器包括波形编码器和参量编码器，下面分别简要介绍。

（1）波形编码器：最常用的是 32Kbit/s 自适应差分脉码调制（ADPCM）方式，在保证高质量话音性能的前提下，这种编码方式与普通 PCM 编码方式相比，具有使频带压缩一半的优势，如 NEC 的 NEXTAR-VO 系统。

（2）参量编码器：常用的有码激励线性预测（CELP），速率 4.8～16Kbit/s；残余激励线性预测（RELP），速率 4.8Kbit/s、9.6Kbit/s、16Kbit/s，如休斯公司的 TES 系统。

2）回波抵消设备

回波抵消设备可以抵消话音通信过程中产生的回波，改善通话质量。

3）话音激活设备

使用话音激活设备可以增加系统容量。

4）调制解调器

VSAT 小站具有受限的功率带宽，一般使用频带和功率利用率较高的 BPSK 或 QPSK 调制方式，因为它们都是性能优良、技术成熟的实用技术。

5）差错控制设备

主要采用前向纠错编码（FEC）技术，目前一般使用 1/2 码率，$K=7$ 的卷积编码，以及维特比算法译码，能够获得 3～5dB 的编码增益。

6）图像压缩编译码器

实现会议电视系统从未压缩前比特率为 36.5Mbit/s，达到压缩后 1.5～2Mbit/s；而可视电话由 5.2Mbit/s 压缩为 56Kbit/s。相关的压缩技术标准有 H.261、JPEG、MPEG 等。

图像压缩标准包括 H.261、H.263、H.264 等，能够实现会议电视系统达到压缩后的最低码率为 384Kbit/s。MPEG-2 标准主要用于广播电视部门，实现对音视频信号的数字化处理，如高清电视传输、数字视频广播等。

7）接口设备

接口设备通常包括话音接口、数据端口、串行接口、LAN 接口等。

8）监控器

每个 VSAT 终端配置一个用以控制和监视设备状态和信道的监控器，目的是为了保持控制信道和网络管理系统处于良好状态。它不仅可以监测小站内的信道单元，而且还可以监视室外单元。

室内外单元之间一般通过同轴电缆实现连接。室内和室外单元一般使用固化部件，不仅便于实现安装与维护，而且具有造价低廉、整套设备结构紧凑、环境要求低的特点，可直接连接数据终端。

3. 卫星转发器

通常使用 C 或 Ku 波段工作的同步卫星透明转发器。C 波段转发器主要用于第一代 VSAT 网，而 Ku 波段转发器从第二代 VSAT 开始为主使用。具体采用何种波段不仅取决于是否有可用的星上资源，还取决于 VSAT 设备本身。

卫星转发器造价很高，因此必须考虑空间部分设备的经济性问题，是 VSAT 网需要解决的一个重要问题，可以考虑只租用转发器的一部分，而地面终端网的设计根据所租用卫星转发器的能力来进行。

下面对 VSAT 的工作频段进行说明，主要包括 C 频段和 Ku 频段。

1) C 频段

电波传播条件好、可靠性高、降雨影响小、开发容易、可利用地面微波成熟技术、小站设备简单、系统费用低。

由于地面微波线路造成的干扰问题，使得功率通量密度较小，限制天线尺寸的进一步小型化。在大城市，由于干扰密度强使得选址困难，通常，为了降低功率谱密度 C 频段会利用扩频技术，减小天线的尺寸。采用扩频技术存在一个不足是限制数据传输速率的提高。

2) Ku 频段

相比于 C 频段，Ku 频段与地面微波线路不存在互相干扰问题，因此架设时不必考虑地面微波线路的干扰，可随地安装。

能够允许较高的功率通量密度，可以使天线尺寸更小，具有更高的传输速率。当具有一样的天线尺寸时，比 C 频段高 6～10dB 的天线增益。由此，目前大多数 VSAT 系统主要采用的是 Ku 频段。

按波段分类，VSAT 可以分为 C 波段和 Ku 波段。

(1) C 波段 VSAT，6/4GHz，通常 C 频段 VSAT 站的天线口径为 2.4m、1.8m、1.2m。

(2) Ku 波段 VSAT，14/12GHz，通常天线口径 1m 左右，如 1.2m、1m、0.75m、0.6m。

在相同条件下，如相同的转发器和频段，为了实现小站之间的直接通信，话音 VSAT 网小站的天线明显大于只与主站通信的数据 VSAT 小站。

VSAT 系统小站与主站相比，小站发射功率小于主站，小站天线尺寸比主站天线小得多，主站具有网络管理和控制的功能。

VSAT 系统按照通信方式，可分为单向和双向 VSAT 系统。

3) 单向 VSAT 系统

单向 VSAT 系统只具有单向传输功能，通常为单向接收，如图 5-7 所示的数据广播系统。许多单收 VSAT 终端接收来自从中心站传输的数据和图像等信号，如证券公司数据信息发布系统；也有单向发送数据采集系统，如新闻数据采集系统、气象数据采集系统，如图 5-8 所示为新闻数据采集系统的示意图。

4) 双向 VSAT 系统

双向 VSAT 系统表示 VSAT 与 VSAT 之间或 VSAT 与主站可交互进行通信，语音、传真和数据传输等业务都是由中心站控制许多 VSAT 终端来提供的，如电话传输用的 VSAT 系统。VSAT 接收来自主站发送的信号称为外向(Outbound)传输或出境。主站接收来自 VSAT 发送的信号称为内向(Inbound)传输或入境，如图 5-9 所示。

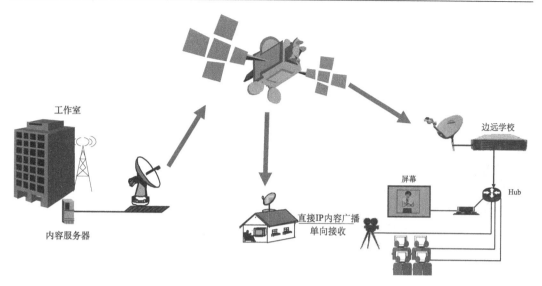

图 5-7　单向 VSAT 数据广播系统

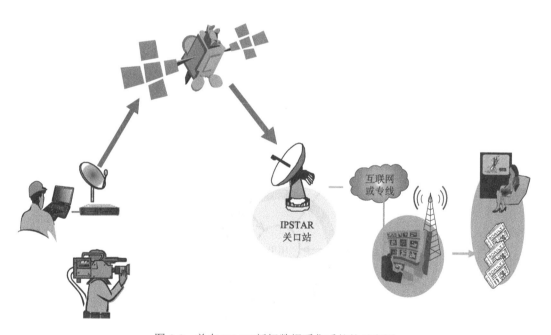

图 5-8　单向 VSAT 新闻数据采集系统的示意图

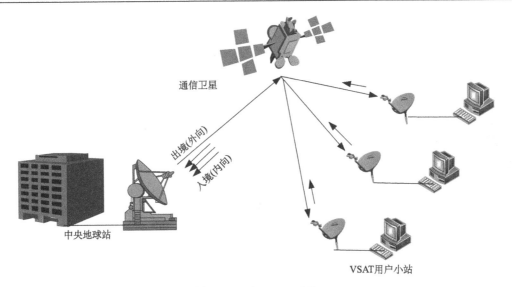

图 5-9　双向 VSAT 系统

5.2.2　VSAT 网的网络结构

常见的 VSAT 卫星通信网络结构有星形网、网状网、混合网。

1. 星形网（Star Network）

星形网通常由一个主站与若干个小站组成，小站仅能和主站直接通信，小站之间的通信需要通过主站，要经过双跳才能完成通信，如图 5-10 所示为星形网结构。

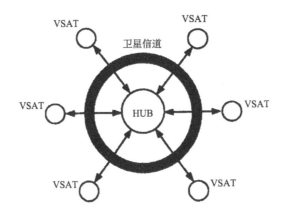

图 5-10　星形网结构

星形网主要用于传输数据业务，如图 5-11 所示为 VSAT 星形网的组成和路径。

1）点到多点的单向星形网

广播式网络是点到多点的单向星形网，由主站向远端 VSAT 小站传输图像、电视、数据等业务，而不需要 VSAT 小站向主站回传信息。与此对应，数据采集式网络则需要各 VSAT 小站将数据信息分别发送给主站，再由主站综合处理。

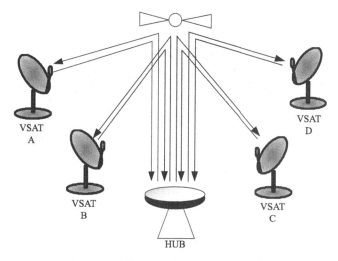

图 5-11　卫星 VSAT 星形网的组成和路径

2）点到多点的双向通信星形网

将主站作为中心，各个远端 VSAT 小站与主站一起构成星形通信网。主站不仅可以分别与各个 VSAT 小站以"单跳"方式进行双向通信，还可以向全网广播公共信息。各小站之间无法直接通信，需要经过主站转接，从而增加了传输信息时间。

2. 网状网（Mesh Network）

在网状网中，任意两个 VSAT 地球站之间可以直接进行通信，如图 5-12 所示。它具有无中心的、分散的网络结构，但通常会选择一个站将其作为主控站，管理和监控全网，主控站不转接业务。话音通信是网状网系统的主要业务，适合各远端站之间较大话务量、通信业务较多的情况。在网状网结构中，可以避免双跳时延，因为任意两站之间不会出现"两跳"的通信问题，如图 5-13 所示。

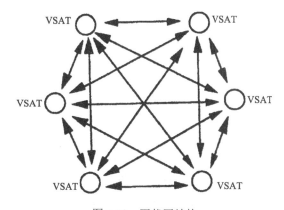

图 5-12　网状网结构

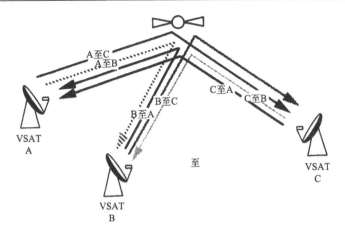

图 5-13　VSAT 网状网的组成和路径

3. 混合网（Hybrid Architecture）

如图 5-14 所示，网状网与星形网的混合网络，即构成混合网。网状结构适合实时性要求高的业务，如点对点的话音通信。相比之下，星形结构适合实时性要求不高的业务，如点对多点的数据通信。在星形结构中，由主站来完成（集中控制）系统的信道分配，设备性能的计费、监控等。

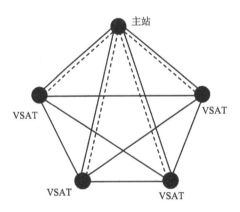

图 5-14　混合网结构

下面简要总结三种网络结构的特点。

（1）星形网：适合进行点到多点的通信应用环境，如收集、广播等，目的是用于数据传输。小站天线具有比较小的口径，但网络具有较大的时延。

（2）网状网：适合实时性要求较高的点到点通信应用环境，主要以话音传输为主。避免了双跳时延问题，但很难进一步缩小 VSAT 小站天线口径。

（3）混合网：适合于点到点或点到多点综合业务传输的应用环境。能够比较高效地实现对卫星资源的利用，适合网络规模比较大、范围比较广的业务传输，既有数据业务又有话音业务。

5.3　VSAT 业务类型及应用

除了一些宽带业务外，VSAT 卫星通信网几乎可支持现有的所有业务，包括数据、话音、LAN 互连、传真、可视电话、会议电话、可视电话会议、低速图像、数字音乐、采用 RF 接口的动态图像和电视等，如表 5-2 和表 5-3 所示。

表 5-2　广播和分配业务

业务			应用
广播和分配业务	数据		数据库、气象、新闻、仓库管理、遥控、金融、商业、远地印刷品传递、报表、零售等
	图像		传真
	音频		单向新闻广播、标题音乐、广告和空中交通管制
	电视	TVRO（电视单收）	接收文娱节目
		BTV（商业电视）	教育、培训、资料检索等

表 5-3　双向交互型业务

业务		应用
收集和监控业务	数据	新闻、气象、监测、管线状态
	图像	图表资料和凝固图像
	视频	高压缩监视图像
双向交互型业务（星形拓扑）	数据	信用卡核对、金融事务处理、销售点数据库业务、集中库存控制、CAD/CAM、预订系统、资料检索等
双向交互型业务（点对点）	数据	CPU-CPU、DTE-CPU、LAN 互连、电子邮件、用户电报等
	语音	稀路由话音和应急话音通信
	电视	压缩图像电视会议

VSAT 网具有很好的灵活性，对各种业务可分别采用收集(多点→点)、广播(点→多点)、点→多点双向交互、点→点双向交互等多种传递方式。

VSAT 系统按通信业务性质，可分为如下三种。

1. 数据业务传输系统

数据业务传输系统以数据传输为主，如银行资金结算系统、证券公司信息发布系统等，它们都是主要传送数据，一般为分组交换网。美国休斯公司的 PES 系统为典型的小型数据传输地球站，数据速率同步 1.2～64Kbit/s，异步最大 19.2Kbit/s。

2. 话音业务传输系统

话音业务传输系统以话音传输为主，如专用电话通信网、稀路由电话系统等，它们都是主要传送话音，一般是电路交换网。美国休斯公司的 TES 系统为典型的话音 VSAT

系统。它使用频分多址(FDMA)的单载波单路(SCPC)体制,按需分配多址(DAMA)方式,数据传输速率为4.8～64Kbit/s,话音速率为32bit/s、16Kbit/s、9.6Kbit/s。

3. 综合业务传输系统

综合业务传输系统是以综合业务为主的 VSAT 系统,可以用作语音、数据、图文、图像传输等。日本 NEC 公司的 NEXTAR 系统为典型的综合业务 VSAT 系统,数据传输速率 9.6Kbit/s～2Mbit/s,可分为多种系统,适合交互式数据传输、数据广播、话音传输等多种业务。

5.4　VSAT 数据通信网

VSAT 卫星数据网的主要特点如下。
(1) 数据交换和传输可以是非实时的。
(2) 数据传输是间断地、随机地使用信道。
(3) 平均传输速率和峰值相差很远。
(4) 数据业务种类较多。
(5) 通常采用分组传输方式。
(6) 数据广播网中,地球站数量多、成本低。
(7) 数据传输必须高度可靠和准确。

VSAT 通信网为相互连接的数据终端设备提供通道,根据参考模型 OSI,仅提供下三层服务,即物理层、链路层和网络层。

VSAT 网多址协议是指分散的大量远端小站通过卫星信道共享,可靠地进行多址通信的规则。多址协议是 VSAT 数据网的关键技术。卫星通信的传统多址方式包括 FDMA、TDMA 和 CDMA,是以话音通信业务为主的,其目的主要是为追求吞吐量和信道容量达到最大,适合大型地面站共享高速卫星信道。由于站少,整个系统受每个地球站成本的影响不大。信道分配可以采用固定分配或者使用按需分配,对于话音与某些数据成批传输业务来说,FDMA 和 TDMA 是较为有效的多址方案。但是由于数据传输业务的突发性,对于数据通信网而言,若在一般的数据传输中仍沿用电话业务中使用的 TDMA 或 FDMA 预分配方式,则得到很低的信道利用率,是不适宜的,即使采用按需分配方式改善也不会很大,因为如果申请分配信道的时间远大于发送数据的时间,信道利用率也不会有较大提高,则采用按需分配也不是很有效的方式。

对于 VSAT 网来说,中心站与分散的大量小型 VSAT 站共享卫星信道沟通。这种方式有别于当前通用的卫星通信系统,为了保证数据通信系统性能,选择可靠、有效且易于实现的多址协议是个重要问题。确定一种有效的多址协议时,应考虑如下主要原则。
(1) 要有较高的吞吐量,即要高卫星信道共享效率。
(2) 延迟较短,其中包括峰值延迟和平均延迟。
(3) 在出现拥塞的情况下,信道具有稳定性。
(4) 应有承受设备故障和信道误码的能力。

(5)具有较短的建立和恢复时间。

(6)设备造价低，且易于组网。

目前，VSAT 数据通信网有较多的多址协议可以采用，这些协议是根据系统对系统容量、信道延迟、业务数据类型、系统复杂性和稳定性等方面的不同要求而提出的。依据远端站报文的入网方式，信道的共享协议可分为争用、固定分配、预约及混合型协议；卫星共享信道根据是否将其划分成若干长度固定的时隙，将多址协议划分为非时隙型和时隙型，表 5-4 给出了卫星多址协议分类情况。

表 5-4　卫星多址协议分类

报文入网类型 信道同步	非时隙型	分时隙型
固定分配多址协议	SCPC/FDMA、CDMA	TDMA
争用(随机多址协议)	P-ALOHA、C-AHOLA SREJ-ALOHA、RA-CDMA	S-ALOHA、CRA、ARRA
预约(可控多址协议)	自同步预约	R-ALOHA、DAMA/TDMA、AA/TDMA

5.4.1　固定分配多址协议

非时隙和分时隙是固定分配多址协议的两种固定分配方式，其中主要用于 SCPC/FDMA 和 CDMA 卫星通信系统的是非时隙固定分配方式，而主要用于 TDMA 卫星通信系统的是采用分时隙固定分配方式。下面分别对 FDMA、CDMA 和 TDMA 三种多址协议进行简要说明。

1. 频分多址(FDMA)

VSAT 系统中用得最多的是每一个小站分配一个信道，即单载波单路 SCPC。尤其是在主要传输话音业务的 VSAT 系统中，大量采用 SCPC 方式，结合到按需分配，使得卫星信道的利用率大大提高。典型代表为美国休斯公司的话音地球站(Telephony Earth Station，TES)系统。

1)优点

(1)设备简单，技术成熟，造价低廉。

(2)结合按需分配(DAMA)方式，具有比较方便的业务扩容、增减端站。

(3)相比多路复用 FDMA 方式，各地球站发射功率大小与整个 VSAT 系统的信道数(即系统总通信量)无关，仅与本站发射的载波(信道)数有关。业务量小的地球站可以发射较小的功率，从而降低小站的成本。

2)缺点

(1)卫星转发器的多载波不可避免地会产生互调产物，造成转发器的输出功率降低，以及降低转发器的功率利用率。

(2)小站具有较大直径的天线，Ku 波段为 1.2～1.8m，C 波段为 1.8～2.4m。

(3)由于地面微波干扰严重,当 C 波段工作在大城市时,不方便选址。

2. 码分多址(CDMA)

码分多址适合用于具有较低传输速率的业务,且较小系统的应用(特别是军用通信系统),也可用于广播式系统。码分多址主要用于 C 波段,常用方案是直接序列扩频(DSSS)。典型代表为 GTE spacenet 公司的产品,其数据广播采用 CDMA 方式。

1)优点

(1)抗干扰能力强。扩频增益很大,大大降低了功率谱密度,减小了与地面微波及邻星之间的干扰,特别是 C 波段地面微波干扰较多的地区,抗干扰非常有效。

(2)降低了网络峰值功率要求,且隐蔽性好。

(3)可降低 C 波段天线口径,用 1.2m 天线即可实现双向通信,单收站只需 0.6m 天线。小站简单、造价低。

(4)内向采用 CDMA 避免了碰撞问题,且对过载不敏感。

2)缺点

(1)频带利用率低,一般仅为百分之十几,网络容量较小。

(2)设备比较复杂,接收方对每个 VSAT 发送站都需要相应的解调设备,不适合话音通信。

3. 时分多址(TDMA)

时分多址特别适合用于网络容量大、地球站少的情况。但是,地面站数目的增加导致延迟增长很快。VSAT 这种站数多的系统单纯使用 TDMA 方式是不合理的。

在 VSAT 系统中,TDMA 与 FDMA 及频率跳变结合在一起共同发挥优势,即 FDMA-TDMA 方式,能够避免使用较大的 TDMA 载波,降低了小站发射功率和成本。典型代表为日本 NEC 公司的 NEXTAR 系统。

1)优点

(1)TDMA 是一种先进的系统,能更充分、更方便、更有效地使用各种数字技术。

(2)无互调干扰,转发器可以工作于饱和状态,其功率利用率比较高,可达 90%以上。

(3)与按需分配(DAMA)方式相结合,信道利用率高,系统容量大。

(4)网中各站发射或接收所用的频率和时隙均可调整,灵活性好,扩容方便。

2)缺点

必须做到全网精确同步,相应地造成了设备和系统复杂度的增加,进而加大了成本。

5.4.2 争用(随机多址协议)

随着终端数目的增加,采用固定方式引入的开销是随之线性增长的,此情况对于大量低平均速率的突发性用户来说,传输的无论是控制信息还是数据报文,都不适于采用固定分配方式。因此,必须让所有的用户竞争使用信道。但是当信道被两个以上用户终端同时使用时,可能会引发碰撞,解决的办法是使用"碰撞算法"。下面对常用的随机多址协议进行说明。

1. 随机多址(RA)/纯 ALOHA(P-ALOHA)方式

纯 ALOHA 方式是一种完全随机多址方式,如图 5-15 所示为随机多址系统的一般形式。每个地球站有一个发射控制单元,它将数据分成若干段,构成一个数据分组需要在每段加上报头和报尾,每次以分组的形式高速发射数据,如图 5-16 所示。在纯 ALOHA 系统中,任何站随时都可以发射需要发射的数据,然后等待一段时间(电波往返传播时间),如果在这段时间内该站收到对方应答信号,表示发射成功,否则必须进行重发操作。

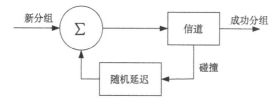

ALOHA系统的报文流程

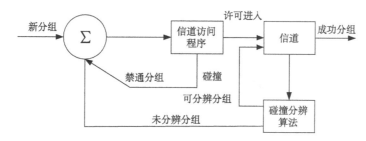

图 5-15　随机多址系统的一般形式

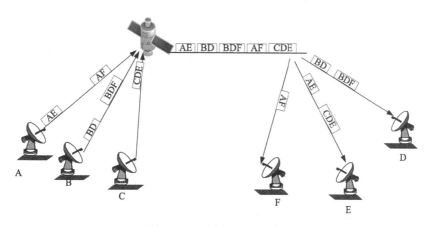

图 5-16　卫星分组通信原理

在纯 ALOHA 方式中,由于未给用户发送数据分组的时间加以任何限制,因此对任一分组而言,只要有其他站同时发射,"碰撞"现象便会发生,如图 5-17 所示。

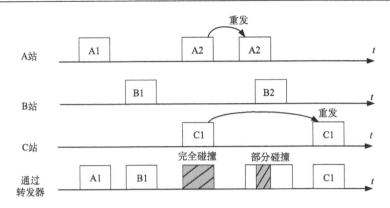

图 5-17 纯 ALOHA 方式中的碰撞发生

纯 ALOHA 方式的应用特点如下。

(1)全网不需要定时和同步，系统结构简单，无须协调，用户入网方便。

(2)当业务量较小时具有良好的通信性能。

(3)吞吐量低。由于碰撞现象的存在，存在较低的吞吐率(即有效传输的数据率)，最高吞吐率为 18.4%。

(4)存在不稳定信道情况。即当具有较小的信道业务量时，随业务量增加信道利用率而增加，当业务量增大到一定的程度时，吞吐率反而减小，降低了信道利用率，甚至出现吞吐率接近零的极端情况，如图 5-18 所示。

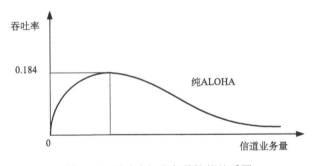

图 5-18 吞吐率与业务量性能关系图

例如，纯 ALOHA 网络采用 9600Kbit/s 的数据率，则总的最大吞吐率为 0.184，0.184×9600Kbit/s=1766Kbit/s，且这 1766Kbit/s 的容量必须由所有用户共享。

2. 捕获效应 ALOHA(C-ALOHA)方式

在 ALOHA 方式中，卫星转发器由于所接收的是功率相同的两个分组，因而碰撞发生情况下，不能再接收端完成正常接收。

在 C-ALOHA 方式中，每个用户电平发射采用了略为不同的功率，当碰撞发生在两个分组时，由于强信号捕获接收机的原因，其中接收机可能会将较强的信号正确接收。与纯 ALOHA 相比，可提高 3 倍的系统吞吐量，但比特差错率会受到输入电平的幅度起伏影响而导致增大。

3. 选择拒绝 ALOHA(SREJ-ALOHA)方式

SREJ-ALOHA 方式是一种非时隙随机多址技术，仍规定以 ALOHA 方式对信息分组进行发射，但进一步对每个分组分成若干个小分组，每个小分组都各自有前置码和报头。这样在接收端可以独立地对每个小分组进行检测。如果信息包发生碰撞，其中对方站能够正确接收未遭碰撞的小分组，所以只需要将遭到碰撞的小分组进行重新发射。

由于 SREJ-ALOHA 方式具有适合于信息包长度可变和不需定时同步的优点，同时克服了由碰撞造成信道利用率低的缺点，是目前既适合可变长度业务又满足非同步系统中吞吐率最高的随机多址协议，应用前景广阔。而与 ALOHA 相比，仅增加了一些复杂度和开销。

4. 异步分组 RA-CDMA 方式

当 ALOHA 多址协议使用扩频调制和 EFC 时，RA-CDMA 方式的性能可以有效改善。特别是使用 FEC 时，吞吐率可以提高 20%～30%。

5. 时隙 ALOHA(S-ALOHA)方式

时隙 ALOHA 方式是一种时分随机多址方式，它将信道分成许多时隙，一个分组由一个时隙传送。系统时钟决定了时隙的定时，必须将各站控制单元与此时钟同步，只允许各站在时隙始端开始发射。因此，碰撞一旦发生就是完全重叠，即完全碰撞，如图 5-19 所示。

如图 5-20 所示为纯 ALOHA 方式与时隙 ALOHA 方式的对比，从图中可知，就最大信道利用率而言，时隙 ALOHA 方式可达 36.8%，与纯 ALOHA 方式相比增加了一倍，但全网需要同步和定时，需要比较复杂的设备，且仍有信道不稳定性问题存在。

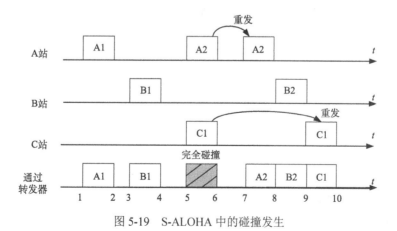

图 5-19　S-ALOHA 中的碰撞发生

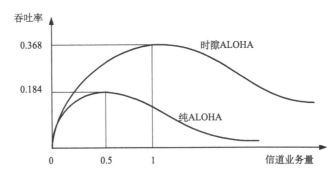

图 5-20　纯 ALOHA 方式与时隙 ALOHA 方式性能对比

5.4.3　预约（可控多址协议）

1. 预约 ALOHA（R-ALOHA）方式

提出 R-ALOHA 方式是为了解决长、短报文传输的兼容问题。当各站要发长报文时，首先发一个预约申请，然后分配一段时隙，让其一批数据一次发射。对于短报文，则利用非预约的 S-ALOHA 方式传输。

R-ALOHA 方式不仅使长报文的传输时延问题得到了解决，还使 S-ALOHA 方式传输短报文信道利用率高的优点得以保留。数据量变化较大的用户可采用此种方式，最大信道利用率可达 83.3%，但平均传输时延较长，且设备更趋复杂。

2. DAMA/TDMA

以 TDMA 为基础的按需分配 DAMA 多址方式，是根据用户通信的需求将卫星信道动态地分配给各个用户，地面用户终端对时隙的需要和占用，必须进行预约申请。因此，在 DAMA 方式中，多址协议包括两层信道和多址。一层是预约申请信息的信道和多址，另一层是对用户的实际报文信道和多址。DAMA 是利用短的申请分组为长的数据报文在卫星信道上预约一段时间，从而使多址数据分组的碰撞问题通过预约控制来解决，一旦预约申请成功，便可使数据分组无碰撞地到达接收端。

对于长报文 DAMA/TDMA 方式是一种可行的多址协议，但是对于短报文来说，采用随机时分多址方式更好。

5.4.4　随机多址协议的比较

随机多址（RA）协议主要用于突发型信息业务，具有较为广泛的应用，如图 5-21 所示给出了典型的 Ku 频段卫星系统的最佳协议区，包括功率受限和带宽受限两种情况。下面说明几种重要的随机多址协议的对比情况。

（1）P-ALOHA 方式下的系统复杂性与成本最低，且最容易实现，但它具有较低的吞吐率，仅适用于短信息的处理。

（2）S-ALOHA 因为需要全网同步，所以具有较高的系统复杂性与成本，但其也具有较大吞吐率，适用于定长的信息。

（3）SREJ-ALOHA 系统的复杂性与成本较低，也具有较高的吞吐率性能，特别适合于传输中等或短的变长信息数据。

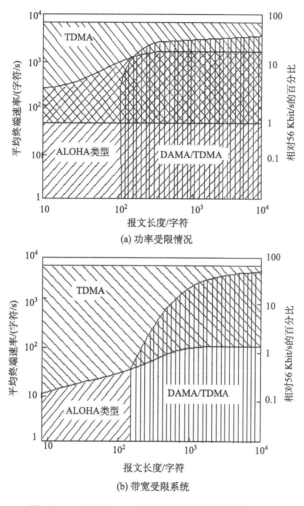

图 5-21　典型的 Ku 频段卫星系统的最佳协议区

5.5　VSAT 电话网

电话通信系统是由用户终端、用户线路、交换设备、中继线和干线等构成的具有传输和交换电话信号功能的通信系统。就传输信息来说，电话通信与数据通信并没有明显的区别，均为互换信息的通信，但在通信内容和面对不同的通信对象所采用的技术方面与数据通信仍有不同。本节将对此问题进行说明，同时介绍 VSAT 电话网的技术体制。

5.5.1　VSAT 电话网的特点

电话通信与数据通信相比，它们的主要区别有：不同的通信内容，由于电话通信的实时性要求,具有很严格的传输时延要求;不同的通信对象具有不同的传输差错要求和不同的组网要求。

VSAT 电话网具有以下特点。

(1)较多数量的地球站,除中心站外各站话务量通常较小。

(2)VSAT 电话网可供使用的卫星转发器频率资源和功率受限。

(3)通常具有较高的话音质量要求。

5.5.2　VSAT 电话网的技术体制

1. VSAT 电话网的网络结构

VSAT 电话网使用同步轨道卫星转发器,可以分为两个子网,即业务子网和控制子网。

1)业务子网

一般业务子网采用网状网结构和电路交换方式,目的是为了满足话音通信的实时性要求。业务子网大多采用 SCPC 频分多址,按需分配(DAMA)信道资源,由中心站集中控制,使全网所需要的地球站信道单元数和卫星信道数节约 50%以上。

2)控制子网

VSAT 电话网的控制子网可以等效于一个数据网。控制子网采用星形网结构,所在的地球站含有网络控制中心的称为中心站。

中心站和小站之间通常采用 TDM/ALOHA 体制,即 TDM 用于外向传输,ALOHA、S-ALOHA 或者其他改进型 ALOHA 协议用于内向传输。此种方式造价低、技术简单,在较多实际系统应用。

2. VSAT 电话网按需分配呼叫过程

按需分配的呼叫过程有三个基本阶段。

1)呼叫建立

主叫方通过控制信道向网控中心发出呼叫申请信息,网控中心在确认卫星信道和被叫方设备有空闲的条件下,向主叫方和被叫方分配卫星信道,主叫方和被叫方进行导通测试,建立线路,呼叫建立过程如图 5-22 所示。

系统在这个阶段的主要任务是在规定的时间内建立线路,并尽可能减小附加呼损。

2)通话

在建立线路后,通信双方进行数据传输或通话。

3)拆线

结束通话后,由通话双方或主叫方向网控中心发出通话结束信息,网控中心发回确认并回收资源(包括用户信道设备和卫星信道),拆线过程如图 5-23 所示。

网控中心在这个阶段的主要任务是准确、及时地回收地面资源和空间资源。

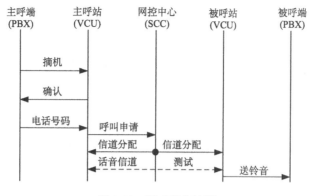

图 5-22　呼叫建立过程

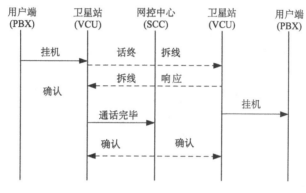

图 5-23　话终拆线过程

5.6　VSAT 网的总体方案设计

VSAT 网建设时，需要进行总体设计，依据用户使用要求从使用、技术、工程和经济各方面优化系统构成。为了能达到预定的质量要求和网络性能，给出系统组成的各个环节的具体内容，进行全面的计算和论证。VSAT 网络的总体方案设计主要包括三个方面：需求分析（使用总体）、技术总体和工程建设总体。使用总体主要对使用要求研究论证，对概念进行设计，对技术总体提出比较合理的要求；技术总体设计包括选择卫星的空间段，论证地球站的体制，计算卫星线路，优化各种参数，设计网络等；工程建设总体主要制定实施计划，建设规范、步骤、方法，经费预算及开通程序。

总体设计是比较复杂的问题，涉及了较多的专业经验和知识，不得不需要考虑各种因素充分性，通过总体设计，在满足用户使用要求的前提下，尽量减少投资、而用户的使用和未来的扩容又很方便。如何减少投资实际就是对各种 VSAT 系统进行经济性分析，而使用灵活及扩容主要表现在两个方面：网控功能、系统的可靠性和安全保密能力，VSAT 网对其他设备的要求。很明显，采用标准化的 VSAT 设备无疑会减少对其他设备的要求。下面对这些要求分别进行探讨。

5.6.1 用户需求分析

VSAT 网总体方案设计的依据是用户需求书，需求书依据使用角度而提出最基本的要求，包括需求的数量、质量、内容等，据此将合理的使用总体方案制定出来，并确定技术总体的要求，具体分析需求内容、需求数量和需求质量。

建立 VSAT 网时，用户要提出自己的使用要求，需要做大量的调研工作用于编写用户需求书，不仅需要了解当前的业务需求，而且需要预测未来若干年内业务发展的需求。编写好用户需求书是进行总体设计至关重要的依据。

一般而言，主要的用户需求包括以下内容。

(1)要求提供的业务种类：数据、话音、传真、图像、电视/电话会议、其他。如果用户要求提供多种业务，则要弄清各种业务的主次和所占的比重。

(2)预计的业务量：整个系统及各个站的业务量，一般指忙时业务量和平均业务量。

(3)用户对网络拓扑结构的要求：根据用户 VSAT 站的地理位置、业务种类和用途以及管理模式等，确定网络拓扑结构是星形网、网状网和混合网。

(4)网络的规模：全网的建站数目，各站应有多少条信道或多大的业务量。

(5)主要的业务性质：对数据类型明确是以批数据为主还是以突发数据为主；对语音业务明确是否采用话音激活，采用何种语音编码方式，如 ADPCM、RELP、CELP、LPC 等。

(6)网络采用的管理方式：采用分散管理还是集中管理方式。

(7)对通信质量的要求：包括传输信号的可靠性和质量。可靠性包括卫星、信号传输和地球站 3 个方面。通常情况下，系统可靠性要求越高，冗余配置越复杂。根据系统能容忍停机的长度来定义可靠性指标。数字话音质量与话音编码方式、数据传输率、调制方式及传输误码率有关。数据通信质量主要取决于差错率。话音还有呼损率要求。

(8)对系统响应时间的要求：响应时间是计算机对用户的输入或请求做出反应的时间，响应时间的长短和时间片的大小有关，一般情况是：时间片越短，响应时间越快。

(9)用户设备接口：准备采用的接口信号形式(模拟或者数字)、接口标准(接口物理特性、机械特性、电气特性)、接口速率、接口信令(中国一号信令、2/4 线 E&M、用户环路或其他)、接口通信协议等(如 SNA/SDLC)。

(10)用户能得到的转发器资源：包括频段、带宽和功率。

(11)对天线口径和发射功率的要求：当地球站(特别是主站)建立在市区时，各地无线电管理委员会对地球站的 EIRP 都有限制，因此在建站前需取得有关业务主管部门同意，将天线口径和发射功率进行限制。

(12)要求在 VSAT 网的数据链路层采用什么样的通信协议。

(13)用户所能支付的投资额有多大。

(14)对工程进度的要求，这关系到供应商的供货能力。

(15)其他特殊要求，如保密通信要求(包括保密接口、拟采用的保密类型、密钥的管理和分配方式等)、抗干扰通信要求、对网络管理和控制能力的要求等。

5.6.2　VSAT 的经济性分析

VSAT 的经济性分析是指对 VSAT 系统在其全生命期内运行所需的总费用进行分析，建立一个 VSAT 网所需的总经费概算，主要包括一次性投资和经常性开支两大部分。

（1）一次性投资：主要设备包括 VSAT、主站、小站 UPS、主站电源系统、仪器仪表、主站交换设备、备份设备等购买费用，工程建设费包括工程设计、基建和改建、安装施工、系统设计总承、培训、交通运输和其他不可预见的费用，应用系统费用包括应用系统软硬件设备的购买、应用系统与 VSAT 网接口必需的接口设备的购买、每个用户专用软硬件的开发等。

（2）经常性的开支：其中最大的空间段费用，即卫星转发器的租费。其他还有维修、人员、日常运行管理、备用件，以及水电消耗等费用。

由此，当在考虑购买 VSAT 设备时，不能单纯地考虑 VSAT 设备本身的价格，还需考虑为满足本身的特殊需要而必需的其他配套设备是否过多，是否具有简单化的设备工程建设，是否具有方便灵活的应用系统接口，是否具有较小开通运行所需的经常性开支（主要是是否较少地占用转发器资源），是否具有可靠的设备（即所需的备用件或备份设备较少）等问题。

在某个特定的应用环境中，采用某种技术体制的 VSAT 产品所需占用的频率资源和转发器功率是由转发器费用决定的。因此，为了节省费用，需要 VSAT 产品具有有效地利用频率和功率的特点，采用的技术体制将成为比较选用不同技术和产品的重要影响因素。

为了计算的方便性，除转发器租金以外的其他运行费用不考虑，而且主站和各个 VSAT 分摊所有一次性费用。设有如下参数指标。

X：每个 VSAT 的一次性投资费用。

H：主站的一次性投资费用。

N：系统中的 VSAT 数，即 N 个 VSAT 共享一个主站。

R：转发器每年的租金。

考虑一次性系统总投资后，平均每个 VSAT 的一次性投资费用为 $C1=X+H/N$。

考虑每年系统的转发器租金后，平均每个 VSAT 每年的经常性费用为 $C2=R/N$。

对一个用户自建的专用网，即只满足本单位通信的需求，如果按寿命期 10 年计算，平均每个 VSAT 运行 1 年所需的费用为

$$C3=C1/10+C2=(X+H/N)/10+R/N$$

根据不同的用户系统配置和使用需要，可由上式计算出用户自建一个 VSAT 网后运行一个 VSAT 每年所需的费用，以此可与采用地面网通信进行比较，在经济上做出采用 VSAT 网进行通信是否合算的判断。

如果用户准备建一个赢利的 VSAT 网，如公用 VSAT 网或虽是专业网但出租给别人使用时，就需要考虑成本的收回时间和投资的收益。考虑投资 10%的平均年收益率，5 年内收回本金时间，1 年平均每个 VSAT 的使用费用为

$$C4=C1(1+10\%)/5+C2=(X+H/N)(1+10\%)/5+R/N$$

表 5-5 给出了供参考的一些计算结果，以美元为货币计算单位。计算中采用高轨卫星，每个 36MHz 转发器 1 年的租金 150 万美元，一条外向信道(信道信息速率 512Kbit/s，BPSK 调制，信道带宽 1.6MHz)每年租金为 6.7 万美元，每条内向信道(信道信息速率为 64Kbit/s，QPSK 调制，信道带宽 100kHz)每年的租金为 0.42 万美元。当采用倾斜轨道时，转发器的租金可以减半。

表 5-5 VSAT 每年运行费用和租用费用计算结果(以美元计)

VSAT 价格	主站价格	外向信道数	内向信道数	空间段每年租金	VSAT 数/个	每个 VSAT 每年的运行费用 C3	每个 VSAT 每年租金费用 C4
1	150	1	1	7.12 万	50	0.5424 万	0.9024 万
			2	7.54 万	100	0.3254 万	0.6254 万
			3	7.96 万	200	0.2148 万	0.4248 万
			5	8.8 万	400	0.1595 万	0.3245 万
			11	11.32 万	1000	0.1263 万	0.2643 万
			20	15.1 万	2000	0.1151 万	0.2441 万

从表 5-5 中给出的计算结果可知，由于主站的一次性投资比较大，为了使 VSAT 比较经济，要求系统中 VSAT 的数目大于 100，否则用户自建 1 个 VSAT 网所需的运行费用会大于租用一个 VSAT 网费用。因此，当用户 VSAT 数较少时最好采用共用主站网的方式，少量用户 VSAT 网共享一个主站以此来分摊主站的较大投资。

5.6.3 VSAT 的标准化

伴随着不断增加的相互交流，人们越来越关注生产设备是否符合标准化， VSAT 领域同样如此。在 VSAT 领域中的标准化，着重于两个接口：一个是射频或中频的接口，实现多种业务综合时一般在射频(如 4GHz)或中频(70MHz 或 140MHz)上规定进行分合路的标准规范；另一个是 VSAT 与地面设备的接口，VSAT 网内不管采用何种协议和信令，都要求 VSAT 站具有与各种用户终端、地面数据通信网、地面电话交换机进行接口的能力。VSAT 地面接口标准化内容主要包括规定其机械接口、物理接口、连接线的接插件、机械尺寸的接口、室内室外单元的接口、电信号的接口、保密机接口、与用户终端设备的接口。

5.6.4 VSAT 网络控制与管理

VSAT 通信网的操作方便程度和智能化集中体现在其网络控制与管理中心所具备的功能上。网络的控制与管理在网中实行各种控制、监视、维护和测试等活动，目的是为了保证网络可靠、正常地运行。

一般各种网络监控管理功能分布在网络的各个组成部分。在主站配置较大的处理机，处理网络的数据库和一切非实时网络监控管理工作。实时的网络监控管理功能分布于网内所有的处理设备中，包含 VSAT 站和主站的网络管理计算机和主站的处理设备。

一般而言，网络的监控管理包括三个方面的功能，即管理、运行和计划。管理功能主要包括计费管理、网络构造管理、安全管理和设备清单管理；运行功能包括收集、归档数据和记录生成、网络监控、操作员接口、网络资源使用等；计划功能主要是向规划人员提供足够的数据和信息，协助规划人员对网络进行最佳设计。

通过网络构造管理功能，操作员完成增/减 VSAT 终端、增/减网络接口、增/减卫星信道(内、外向)向远端站分配信道、启动/关闭网络组成部分、改进网络硬件和软件、发放新软件、逐步增加网络功能和能力等多项工作。

为了尽可能降低彼此间的干扰，必须加以严格协调各处远端站的发送频率、功率和时间等使之符合规定。在 VSAT 站入网时，这些参数监控和调整尤为重要。VSAT 站数据库在监控管理计算中实时记录各站的优先等级和工作状态，以及预分配的入网方式，如对 FDMA 中的频率，TDMA 中的时隙或 CDMA 中的 PN 码。

5.6.5　VSAT 的可靠性和安全保密

1) 系统的可靠性

能否以极低的中断率稳定地工作是 VSAT 系统总体设计的一个重要任务，起到了衡量一个系统性能好坏的重要作用。通常情况下，系统的可靠性用可用度来表示，国际无线电咨询委员会(International Radio Consultative Committee，CCIR) 做出了规定，固定业务的双向卫星通信线路设备的可用度应该不低于 99.8%，即指其中断率小于 0.2%。

通信线路的中断，CCIR 定义为地球站解调器输出端的误码率高于规定的门限值(相关于系统采用的制式)，且 10s 以上的持续时间。要降低 VSAT 系统通信的中断概率，即可达到提高 VSAT 系统的可靠性，主要有下列措施可以采取。

(1) 链路计算要留足余量。

(2) 对主站的关键通信设备(如 LAN、HPA、内外向信道的调制解调器、交换机等)和网络管理设备采用备份冗余技术。

(3) 采用可靠稳定的电源系统(如应急电源和配置不间断电源等)。

(4) 租用不中断(或中断概率较低)的转发器。

(5) 机房内保持良好的温湿度(温度 10℃～30℃，湿度 60%～80%)。

(6) 采取措施(如配备一定数量训练有素的维修人员和一定数量与品种的备份部件，在较小区域内设立备件及维修中心)缩短平均修复时间(Mean Time to Repair，MTTR)。

(7) 要求设备具有较强的网络诊断能力和自诊断能力。

(8) 对重要业务采用地面迂回线路。

2) 系统的安全与保密能力

安全与保密是卫星通信网的一个重要的问题，需要给予高度重视。对于系统来说，安全保密问题包括访问控制、物理安全和业务加密等。

(1) 访问控制：防止非法访问及越权行为是其主要目的，指系统是否有措施防止网外站使用本系统资源及只有合格操作员才能进入网管系统等。

(2) 物理安全：指工作区域的访问控制、人员训练、灾害防护，以及备份、恢复和应急计划等。

(3)业务加密：是否系统支持业务的加密，是否能够对数据信息的访问进行相关的措施限制，是否具有合适的网络中的密钥管理等。

5.6.6　VSAT 的总体设计

当以 5.6.5 节所述的这些问题得到明确后，就可以着手对 VSAT 网进行总体设计。总体设计主要涉及以下内容。

(1)业务量模型的确定，包括各种业务忙时和平均呼叫次数、信息速率、平均呼叫持续时间、业务的激活率等。

(2)关键技术指标的确定，包括网络的响应时间(指从 VSAT 产生一份终端到主机的报文到收到主机应答所经历的时间)、信道的误比特率(BER)要求及系统的可用度要求。

(3)网内采用的通信协议和用户设备到 VSAT 的通信协议及接口标准的确定。

(4)主站交换机的处理能力(每秒能处理多少个分组及多少次呼叫)和可靠性要求(全网所有通信均经此交换机交换，故对其具有很高的可靠性要求)的确定。

(5)工作波段(C 或者 Ku)的确定，主要取决于可用的空间资源。

(6)网络拓扑结构(星形或者网状)，主要由业务对传输时延的要求决定。

(7)组网形式(共用网或者专用网)的确定，由用户对网络控制能力的要求及投资能力决定(用户采用共用网可投入较少资金即能建立一个通信网)。

(8)多址方式和信道分配方式的确定，信道分配是采用预分配、动态分配或按申请分配方式，采用 FDMA、TDMA、CDMA、ALOHA，还是其他多址方式。

(9)内/外向信道数及速率的确定，由网络的业务量、信道采用的多址和分配方式与地面设备的接口速率和方式等决定。

(10)主站和甚小孔径地球站(Very Small Aperture Terminal，VSAT)应配置的信道单元数的确定。

(11)地球站的 G/T 和 EIRP 值的确定，通过拟租用卫星的 G/T 和 EIRP 值，进行卫星通信链路的预算来决定。

(12)主站和 VSAT 的天线口径、功放大小的确定。

(13)占用卫星转发器的功率和频率的计算。

(14)系统容量的计算。

(15)提出对网络控制与管理能力的要求。

(16)提出对系统可靠性和安全保密能力的要求。

(17)全系统一次造价及运行费用(转发器租金及维护费用等)的计算。

5.6.7　VSAT 网工程建设与设计

VSAT 网的工程建设主要有以下一些内容。

(1)与卫星公司谈判租星服务，根据用户的不同需求，寻求灵活的卫星转发器租赁业务。

(2)工程协调，工程设计。

(3)选址，电测、频率申请，与当地无线电管理委员会协调。

(4)小站与主站的工程施工(包括主站天线的安装)。

(5)培训技术人员。

(6)负责国内外设备的到货、报关、验收、分发和运输的任务。

(7)验收主站与几个样板站设备安装、调试、入网测试等功能，并现场培训技术人员。

(8)安装、调试小站设备，现场培训。

(9)试运行，验收网络工程。

(10)正式开通。

(11)开发应用软件。

为了达到既不干扰别人，别人也不干扰你的效果，需要规定每颗卫星的入网规则。

为了保证用户满足该卫星的有关入网要求，在任何上行站投入卫星网络运行前，各卫星公司都要审核用户的设备和网络的技术参数。为确保达到上述的要求，需要安排对审核站进行实地测试。上行站在上星开通正式业务前，需要通过卫星经营公司审核和测试相关的要求。因此，如果用户要建 VSAT 网，在进行总体和设备选型时，注意要与有关的卫星运营公司进行联系，以防不能入网而造成损失。

通常卫星运营公司控制的用户参数如下。

(1)天线的旁瓣特性与计划隔离度。

(2)不同类型的业务载波在不同转发器上的下行功率密度和相应的地球站的上行功率密度。

(3)上行链路的频率稳定度。

(4)最大的业务负荷上行站高功率放大器的杂散指标及互调干扰指标。

(5)上行链路的能量扩散指标，随机连续噪声指标、载波调制特性及视频载波和调频/频分载波的特性。

(6)VSAT 的 G/T 值。

为了不需要更改载波，调整或更换不合适的设备，必须满足卫星公司对上述参数的要求，才能获得卫星运营公司的入网许可。

卫星入网的流程如下。

(1)与准备租用卫星的管理机构联系，得到必要的技术咨询，然后进行设备订购和网络设计。

(2)通常在入网测试前 2~3 个月,向卫星公司提出业务的特性及地球站的特性参数。卫星公司针对不适用的网络设计或设备，会提出更改的要求。

(3)入网测试，依据用户的实际情况，由卫星运营公司派工作人员(或协助指导)到现场进行入网测试并完成测试报告，以及说明业务载波。

(4)入网许可，发入网许可前需要审核测试结果并确定其符合要求。

(5)通常情况下，发生以下情况均需要向卫星公司申请增加新站、载波或改变一个站的发射载波，只有得到卫星公司同意后才能入网或发射新载波。

下面说明 VSAT 网工程设计需要注意的方面，包括站址选择的要求和天线、室内单元的安装要求。

1) 卫星通信地球站选址要求

(1) 地球站要具有足够宽的卫星视界，卫星轨道可见弧度约为120°。

(2) 要了解清楚周围干扰源的分布情况，并控制干扰电平在一定数量级内。如雷达系统、地面微波站、机场、高压线等产生的干扰。

(3) 拥有良好的地理条件，不要阻挡天线指向，天线仰角与天际线之间净空足够大。

(4) 要有好的气象条件，避免暴雨、台风、结冰、大雪的影响，天线要有防冰雪和抗风能力。

(5) 对于大型天线的选址，要选择地面滑动和沉降小、地质稳定的地区。另外，不宜使大型地球站距离市内终端室太远。站址附近要有交通方便、可靠的商用电源，水源充足，最好距城镇不远，便于工作人员等使用。

(6) 为了减少馈线损耗，必须使卫星终端站设备机房与天线基础位置尽量靠近。

2) 天线和室内单元的安装要求

(1) 天线位置选择。

(2) 电磁环境测试。

(3) 天线基础施工要求。

(4) 必须使室外单元、卫星小站天线接地。应使室外单元和天线的接地端与单独接地线相连。

(5) 机房环境的要求，包括相对湿度、工作温度等要求。

(6) 卫星小站室内单元的供给电源，必须使电压、频率稳定，最好由 UPS 供电。

5.6.8 VSAT 网实例分析

1. 村村通电话工程

我国城市的通信基础设施建设相对较好，而农村有些地方还存在通信盲区。从国家的脱贫要求看，需要解决落后乡村地区的基本通信问题，实现村村通电话的目标。我国还有比较多的乡村处于交通沿线的偏远山区和远离城市，如果采用微波或光缆作为通信手段，不仅投资费用高、施工困难，而且覆盖范围很有限，所以亟待解决其通信问题。依靠 VSAT 卫星通信，并结合其他辅助手段，如 450MHz 无线接入方式等，成为解决我国农村通信的主要技术。

在村村通工程建设中，多个运营公司都在不同程度上选用了 VSAT 卫星通信网络解决中西部及北部偏远、深山村寨通电话的工程问题。有的利用新建系统或已建系统，有的组建了网状网或星形网，有的选用了 C 波段或 Ku 波段，有的选用了 IP 或电路交换技术，以及电路/IP 技术等，各个方案是有所区别的。表 5-6 给出了运营商采用 VAST 卫星接入数量情况。

VSAT 系统应用在我国农村的对象是地处偏僻的边远村镇，其具有交通不便、经济比较落后、自然环境条件恶劣、技术力量差等特点。对于此种情况，通常对农村 VSAT 系统的性能有如下要求。

表 5-6　各运营商采用 VAST 卫星接入数量情况

公司	中国移动	中国联通	中国网通
基于技术	电路交换	电路 IP	IP
组网方式	星形网	星形网	星形网
频段选择	Ku	Ku	C
开通业务	话音	话音	话音、上网、传真
远端站特点	1.2m 天线可带 4～16 个用户	1.2m 天线可带 4 个用户	1.2m 天线可带上百个用户
远端站分布	四川、青海 234 个	山西、安徽等共 600 个	河北、北京等近 1000 个
远端站维护	运营商自己维护	运营商自己维护	委托村民看护,运营商提供技术支持

(1) 具有多种接口的 VSAT 小站。农村 VSAT 小站需要配备多种接口的终端设备,以更好地支持多种业务,通常要支持话音带内数据、数字压缩话音、三类传真(速率 4.8Kbit/s),也可以提供付费电话服务和应急电话。同时也可以连接小型交换机或其他无线接入设备。根据我国农村的实际情况,应配置 2～3 个信道对应一个 VSAT 小站为宜。

(2) 为了便于显著减小天线体积和地球站设备,农村 VSAT 系统应尽可能使用 Ku 波段。

(3) 农村 VSAT 系统以话音通信业务为主,应采用先进的话音压缩编码方式,可以充分降低卫星转发器租用费,节约卫星转发器资源。每路话音压缩到 4.8Kbit/s 或 6.4Kbit/s。

(4) 由于我国每个省有较大管辖范围和较多的人口,一个农村 VSAT 系统一般包括的远端小站有几千个到上万个。网络操作人员在主站能够做到对系统软件升级、更新小站参数、打开或关闭远端小站。

(5) 高可靠性,低功耗。农村 VSAT 系统的重要要求是高可靠性和低功耗,使 VSAT 小站具有用太阳能供电的能力。一个 VSAT 站具有良好的抗干扰性能,并且功耗应不超过 50W。应能适应室内温度为 0～40℃,我国版图覆盖区域室外温度变化 −40℃～60℃。

(6) 重量轻,体积小,运输安装方便。室内农村 VSAT 小站设备重量通常不超过 4kg,应尽可能地减小体积,以适应运输方便、安装快捷的要求。同时还应该提供可选择的便携箱和三脚架,目的是为了便于其他特殊情况下或在灾区架设临时站的需要。

(7) 经济性能。面对我国边远地区广大农民的实际消费能力和经济现状,一个农村 VSAT 系统的投资费用,若平均分摊到每个 VSAT 站(2～3 个话路)大约为 3 万元人民币,则基本可以接受。而运营商将采取一定的资费补贴,可以解决通话费用较高、卫星电话设备昂贵的问题,降低农村用户包年使用费用。

中国移动在 2004 年启动了村通一期试点工程,在四川的阿坝、甘孜、凉山三州建设了 130 个 VSAT 站点。试点工程采用租用主站的方式建设,可以减少工程风险,三州分别采用了中国网通及卫讯公司的 Linkstar 系统、IPStar 系统,以及中信及 Gilat 公司的 DialAway 系统。

在 2005 年,中国移动村通卫星通信网工程中,采用了 Solante VSAT 卫星通信系统,该系统由北京航天科工世纪卫星科技有限公司提供,在北京建主站,分别在四川和青海建设了 191 个和 40 个远端站，青海 2006 年又增加 60 个远端站。

采用 IPStar VSAT 系统，中国卫通实现西藏、青海、内蒙古、甘肃等省地处偏远、环境恶劣、交通不便、气候多变地区的村通任务。IPStar VSAT 采用星形结构，所有业务传输都是经过中国卫通北京关口实现的。按需求分配带宽，三网合一是其设计的核心，同时支持数据、话音、视频的可靠传输。实际中，采取分步实施、一次安装的方式，先使村通电话实现，按要求将其他功能在后台开通，无须做终端改动，如图 5-24 所示为 IPStar VSAT 通话呼叫路由模式。

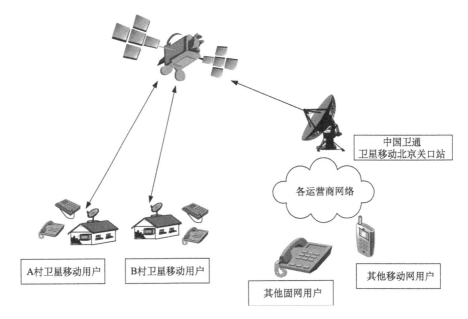

图 5-24　IPStar VSAT 通话呼叫路由模式

2. 上海证券交易所双向 VSAT 通信网

为了配合上海证券交易所无形席位的交易方式，上海证券交易所建立了双向 VSAT 卫星通信网。1996 年底该 VSAT 通信网确定方案，1997 年 6 月开始安装小站。该通信网选用休斯网络系统公司 ISBN/PES 系统的 VSAT 产品和美国卫讯公司 SkyRelay，一期工程各 400 个小站，共有 800 个远端小站。

上海证券交易所的 VSAT 通信网用于交易所主机与各证券商的互联，采用 TCP/IP 协议标准，实现证券商买卖委托的及时成交回报。网络采用星形结构，在交易所集中各证券营业部的分散信息，通过交易主机的处理把信息传回到各营业网点。

5.7　VSAT 技术发展

面对竞争激烈的通信技术领域，VSAT 卫星通信技术将会持续向前发展，主要体现在以下几个方面。

（1）向更高频段发展。继 C 波段和 Ku 波段之后，Ka 波段和毫米波段将在未来的 VSAT 系统中开发和使用，以便进一步使工作频带扩展、系统容量增大、设备体积减小、使与其他无线通信系统之间避开干扰。当前一些国家已经建立和开始使用实用化的 Ka 波段 VSAT 系统。

（2）向大容量、高速率发展。对于入境链路传输速率，以前提供商用 VSAT 系统的最大速率为几百 Kbit/s，现在可以达到 2Mbit/s，将来会达到 5Mbit/s，能够使得各种高速业务的需要得到充分满足。与此同时，也将大幅度增加网管系统及其主站能够支持的远端小站数量。

（3）提供多种类型的业务服务。VSAT 系统可支持多种业务，不仅包括话音、数据、图像业务，还支持帧中继、多媒体、IP、Internet 等。它在实现信息高速公路分支线路连接和移动通信的远距离组网方面将担负着重要的角色。

（4）提高智能化的功能。VSAT 网络的灵魂和心脏是网络管理系统，由其决定智能化程度的高低。随着软件技术的发展，在设备的故障诊断、实时远程监视与控制、自动计费、业务量统计等智能化管理方面，VSAT 系统都将提高到一个新水平，更便于操作人员进行管理、使用和维护。

总而言之，VSAT 卫星通信系统将以软件技术、微电子技术、计算机与通信等先进技术为基础，使得 VSAT 系统的整体技术被带动而不断革新。从而使得 VSAT 系统的业务种类、通信容量和智能化水平得到提高，充分使得卫星转发器资源得到节约，达到小型、简单、可靠、廉价、实用通信设备的目标。

5.8　习　　题

1. 卫星通信网络有哪些拓扑结构？各自具有什么特点？

2. VSAT 的含义是什么？试述 VSAT 网的特点和优点。

3. 在 VSAT 网中，确定多址协议的原则是什么？比较多址协议性能的指标有哪些？

4. 试参考有关资料，比较以下适于 VSAT 网的多址协议的特点与性能：ALOHA、S-ALOHA、SREJ-ALOHA、异步分组 CDMA、TDMA。

5. 一个 Ku 频段星形网络中，有 100 个 VSAT 地球站用 FDMA 方式公用 54MHz 的转发器，信道间保护带宽 51kHz。每个 VSAT 站的数据信息速率为 128Kbit/s，并以 QPSK 调制、滚降系数 0.4 和半速率（即 1/2）FEC 的信道编码方式发送。入站上行链路载噪比是 19.0dB。转发器输出功率补偿（回退）3dB 时，下行链路（一条信道的）载噪比也是 19.0dB。

（1）试计算每个 VAST 站传输所占用的射频宽带。

（2）当转发器带宽受限于 54MHz 时，试计算网络中所能容纳的 VSAT 地球站最大数目。

（3）若地球站的数目增加至上述的最大值时（注意，无论地球站数目增加与否，转发器功率容量都是固定不变的），试计算下行链路的主战接收载噪比。

（4）若主站接收机的门限噪载比为 9.0dB，入站链路载噪比的余量为多少？

第6章 卫星移动通信及典型系统

卫星移动通信的主要内涵是支持地球站在移动中进行通信，这为应用带来了诸多便利，因此它是卫星应用的一个重要领域。要支持地球站在移动中通信，对于系统的构成、卫星及星座设计、传输信道环境等都需要有独特的考量，本章将对卫星移动通信所涉及的主要内容及其应用展开论述。

6.1　卫星移动通信系统的组成与分类

卫星移动通信系统是指通信链路的双方，至少有一方处于运动状态，往往是指用户处于运动中。卫星移动通信系统一般由空间段、地面段和用户段三部分组成。空间段可以是地球同步静止轨道(Geostationary Earth Orbit，GEO)通信卫星或非地球同步静止轨道(非 GEO)通信卫星，如 LEO(Low Earth Orbit)、MEO(Medium Earth Orbit)通信卫星；地面段一般包括卫星测控中心及相应的测控网络、网络控制中心(Networks Control Center，NCC)及信关站(Gateway)等；用户段由各种地面用户终端组成，形态上可以是手持、便携、机载、船载、车载等，这些地面终端也可称为用户地球站，简称地球站，在本章中如无特殊说明，地球站即指用户段的用户地球站。地面段中的卫星测控中心及相应的测控网络负责保持、监视和管理卫星的轨道位置、姿态，如有必要还需维持卫星的星历等信息；网络控制中心负责处理用户登记、身份确认、计费和其他的网络管理功能；信关站负责呼叫处理、交换及与地面通信网的接口等。地面通信网包括公共交换电话网(Public Switched Telephone Network，PSTN)、公共地面移动网(Public Land Mobile Network，PLMN)、Internet 或其他信息网络，不同地面通信网会对信关站的网关功能提出不同的要求。

如图 6-1 所示的卫星移动通信系统中，空间段有 GEO 卫星及非 GEO 卫星，在实际的卫星移动通信系统中，可能仅采用 GEO 卫星，或仅采用非 GEO 卫星，或者两者均采用。在用户段中，也会根据系统设计的不同而支持不同类型的地球站，如采用 UHF、L 或 S 频段的系统则常可以支持手持式的地球站；对于更高工作频段的系统，则主要考虑支持固定及平台载(机、船、车等)的地球站。对于简单的系统，如用户数及卫星数少，也无需复杂的网络控制中心，采用信关站处理系统的相关管理功能。因此图 6-1 中所示系统的组成并非每个卫星移动通信系统的必备要求。

卫星移动通信系统往往是一个综合通信网，可向用户提供语音、传真和数据等多种业务。其最大特点是利用卫星通信的多址传输方式，为用户提供大跨度、大范围、远距离的漫游和机动、灵活的移动通信服务，是陆地蜂窝移动通信系统的扩展和延伸，在保障偏远的地区、山区、海岛、受灾区、远洋船只及远航飞机等的通信方面更具独特的优越性。

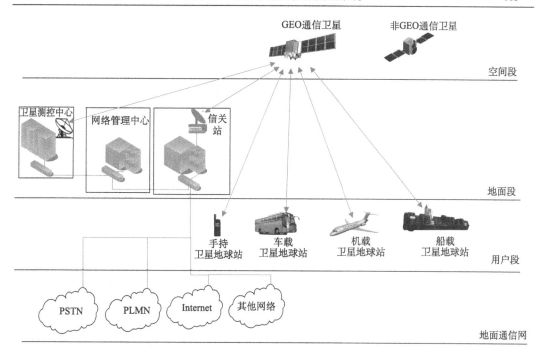

图 6-1　卫星移动通信系统组成示意图

对于卫星移动通信系统可从不同的角度进行分类，按信息传输能力可分为宽带和窄带。宽带系统往往工作于 C、Ku、Ka 等较高频段，地球站采用动中通技术，利用机械或电调的方式，让用户地球站的天线最大增益方向始终指向卫星。窄带系统往往工作于 UHF、L 及 S 等频段，这类系统可以采用全向天线或定向天线，可以支持小型化的手持式地球站。按空间段卫星所用的轨道又可分为静止轨道(GEO)系统、中轨道(MEO)系统和低轨道(LEO)系统。GEO 系统技术成熟，如中国的天通系统；LEO 系统具有传输时延短、路径损耗小、易实现全球覆盖及避开了静止轨道拥挤等优点，典型的系统如"铱"系统(Iridium)；MEO 系统则兼有 GEO、LEO 两种系统的优缺点，典型的系统如"ICO"系统。

6.2　静止轨道与非静止轨道卫星系统的特点

如前节所述，卫星通信系统按卫星轨道可分为静止轨道、中轨道和低轨道系统。基于 GEO 卫星的系统，由于卫星轨道位置高，理论上仅需三颗卫星就可覆盖除两极区域以外的全球大部分地区，因此自 20 世纪 60 年代起，人类就往 GEO 轨道发射了大量 GEO 卫星，承担通信、广播任务，但随着地面通信的发展以及人类对于通信要求的日益提高，GEO 卫星通信系统的一些固有特点也形成了制约。

(1)自由空间中的信号强度反比于传输距离的平方。由于 GEO 距地球过远，对于卫星的发射能力和地球站的接收能力要求高，如需要地球站及星载的大口径天线。

(2)信号传输时延大。这给语音电话及其他实时业务带来较大的影响。

(3)轨位有限。由于 GEO 卫星轨道资源有限，受限于地球站的天线口径(即主瓣宽度)，相邻卫星之间要保持一定的距离，按 1.5°～2°的间隔考虑，避免干扰。GEO 可以提供的轨位仅 180～240 个，这其中还包括了许多位于大洋上实用价值相对较低的位置。

鉴于 GEO 卫星系统所固有的局限，自 20 世纪 80 年代，就开始了非 GEO 卫星系统的研究及建设。与 GEO 卫星系统相比，非 GEO 卫星系统尤其是 LEO 卫星系统相比 GEO 系统显示出了极大的优越性。

(1)低轨道卫星的轨道高度仅是静止轨道的 1/80～1/20，因此信号的自由空间传播损耗低了 25～40 dB，对卫星及地球站的收发能力要求降低，尤其系统可以支持小型化、手持化的地球站，为使用带来了极大的便利。

(2)信号传播延迟低。静止轨道系统的前向或反向链路传输延迟根据地球站位置不同，在 240～270ms 之间变化。低轨道系统传输延迟只有 3～10ms，这对低时延要求的业务非常有利，如实时语音及控制业务。

(3)低轨道卫星可以设计覆盖两极地区在内的轨道，系统真正成为全球覆盖，这使得包括两极在内的地区拥有可靠通信保障。

除了上述的优点外，由于中、低轨卫星的轨道特点，卫星对地不再保持静止，而是沿着一定的轨道倾角和周期围绕地球高速运动。为了保证系统 24h 不间断对地覆盖，需要根据实际应用的要求，维持一定规模的卫星星座。由于中、低轨卫星的寿命相比静止轨道卫星的寿命短，需适时更换卫星；又由于卫星的运动，对组网、切换控制等也提出了要求，这些是非静止轨道卫星的特点所带来的必须解决的技术问题。

6.3　卫星移动通信关键技术

卫星移动通信系统的主要特点是能保障用户站在移动状态下可靠通信，为了维持移动中的通信链路，涉及一系列的关键技术如下。

(1)卫星对地高 EIRP(等效全向辐射功率)技术，从而降低对地球站接收能力的要求。尤其对于采用全向天线的小型化、手持式地球站尤为重要。为了保证对地的较高 EIRP，卫星往往采用多窄波束对地覆盖。

(2)传输技术。由于卫星移动通信系统本质上属于无线通信的范畴，相比地面无线通信系统又有其独特性，如易受遮挡的影响、大的多普勒频移、地球站全向天线引入多径衰落等。这些特点都要求在星地传输技术上加以考虑，包括分集、纠错、调制解调等。

(3)网络控制与管理。对于涉及大量用户的卫星移动通信系统，需高效的功率、频率、时间等通信资源的管理策略。对于多星多波束系统，用户地球站会频繁地在星间及波束间切换，这对于信道资源的分配、切换等控制技术也提出了要求。

(4)射频技术。星地通信以无线信号为载体，因此卫星及地球站的天线、功率放大器、频率源、变频器等重要射频部件涉及的射频技术也是卫星移动通信系统的关键技术。

(5)星座设计。对于采用多颗卫星的系统，尤其中、低轨卫星移动通信系统，为实现全球的不间断覆盖，需维持星座。在设计星座时要综合考虑地球站的可见卫星数及通信仰角、卫星总数、单星覆盖区、轨道高度、卫星及地球站收发能力等各类因素。

6.4　轨道和星座设计

在卫星移动通信系统中，空间中卫星的轨道及由多颗卫星构成的星座设计是至关重要的内容，从整体上会影响系统的性能、成本等重要指标，因此本节将对轨道及星座设计的相关内容进行讨论。

6.4.1　卫星轨道

卫星轨道是进行卫星移动通信系统设计时需确定的基本参量之一，鉴于航天活动的高昂成本，在设计轨道时遵循满足系统技术要求条件下，使得系统成本最低的优化目标。轨道选定后，星座的设计也基本就明确。轨道的设计需综合考量多个因素，包括卫星寿命、信号覆盖范围、成本、星载设备性能等。一个卫星移动通信系统的要求确定后，对于卫星轨道的设计没有唯一解，既可采用单一的地球静止同步轨道卫星，也可由多数卫星组成的近地轨道星座实现。卫星轨道的一般设计过程如下。

1. 确定轨道类型

通信卫星在空间运行，会涉及多种轨道，不同的轨道对应于不同的任务分段。不同任务段的轨道选择标准不同，通信卫星涉及三种基本类型。

（1）转移轨道：该轨道便于将卫星转移到另一个轨道的轨道。例如，转移到地球同步轨道之前运行的那个轨道(即转移轨道)。

（2）等待轨道：作为一种临时轨道，等待轨道为卫星在空间进行的各种操作提供了一个安全方便的场所，如寿命检查等。发射后作为进入转移轨道之前的漂泊轨道也属于一种等待轨道。

（3）工作轨道：即通信卫星为各类用户提供正常通信覆盖时所处的轨道。

2. 确定轨道相关技术要求

系统设计时，对每个任务段会提出轨道的约束条件，如轨道高度。对于卫星移动通信系统而言，其工作轨道越低，则对于卫星和地球站的收发能力要求就越低，有利于降低成本和功耗，但单星的覆盖区就越小，整个星座就需要更多的卫星。而从卫星的安全性、寿命及覆盖范围考虑，又希望卫星高度越高越好，因此必须统筹考量。

3. 卫星数量的选择

为实现系统的既定技术要求，往往有多种实现方案，如可以用单星，也可以用多星。单星的优点是其任务总体成本低，因只需一次发射，一套星上设备，但系统的可靠性高度依赖卫星节点，脆弱性大。采用星座则可以提供较好的信号覆盖，当某卫星失效后，系统不会全部瘫痪，鲁棒性强，但需维护复杂的星座系统。因此，采用较大的、复杂的昂贵单星还是星座系统需综合考虑。随着低轨小型卫星平台及载荷的发展，低轨星座系统已经成为一种趋势。

4. 综合比较多种轨道方案

轨道高度是轨道设计的主要决定因素,比较简单的方法是首先假设轨道为圆形轨道,然后对不同轨道高度及倾角的轨道方案进行综合比较和权衡,确定出轨道高度与倾角的范围。再根据这个范围设计一个或多个轨道方案,进行优劣分析。当采用星座系统时,星座内各卫星之间的相位关系非常重要,星间的相对位置如能不随时间改变,会对系统的运行带来很多的便利,因此星座系统通常会有一个共同的轨道高度和轨道倾角。否则,不同轨道倾角的卫星将各自漂移,各卫星间的相对方向就成为时变的,而不同高度的卫星也很难组成一个可保持长时间协调工作的星座。

5. 考虑星座的扩展性和容错性

轨道设计时还要考虑到星座的可扩展性,因为一个星座的建立往往是分期、分步骤建立的。同时也要考虑系统的容错性,当有卫星失效后,系统可以降级提供服务。

6. 运载工具、回收和报废轨道的选择

在卫星移动通信系统的设计中,还需考虑运载工具对于轨道设计的影响,运载工具往往确定了可以将卫星定点的轨道高度和偏心率。同时,还会考虑一定的发射余量(典型值为 20%),以便为卫星及运载工具往后的质量增加留有余地。卫星的回收和报废也是轨道设计必须考虑的问题,希望卫星的再入大气层是可控的,以免对地表造成损害。

对于影响轨道设计的主要任务要求如表 6-1 所示,可见轨道高度是轨道设计时的重要参数。

表 6-1　主要任务要求对轨道设计的影响

任务要求	受影响参数
连续性	倾角
面积覆盖率	高度、倾角
感兴趣的地球位置	
在轨重量	
在轨寿命	高度、偏心率
信号强度及链路质量	高度
环境与幸存能力	高度
敌对行动	高度
发射能力	高度、倾角
发射成本	高度
发射地点限制	
发射安全性限制	地球同步轨道的经度
地面通信	
地面台站位置	
中继卫星应用	

续表

任务要求	受影响参数
数据的及时性	高度
法律和政治限制	高度
国际分配	

　　在轨道设计时，一种简便方法是先采用圆轨道，再确定轨道高度和倾角的取值范围，该方法的要点如表 6-2 所示。在确定了取值范围后，就可依据这些参数选择出一种或多种候选轨道方案。

表 6-2　轨道设计所涉变量、相应影响及选择原则

设计变量	影响	选择原则
主要设计变量		
卫星数目	成本和覆盖	最少的卫星满足覆盖和性能要求
轨道高度	覆盖、发射和变轨成本	成本和性能之间的折中
轨道平面数目	灵活性、覆盖性能、发展和降级使用	最少轨道平面数满足覆盖要求
其他设计变量		
轨道倾角	覆盖的纬度分布	纬度覆盖与成本的折中
轨道平面的相位	决定覆盖的均匀性	各组独立的相位方案中选择最佳覆盖
偏心率	任务的复杂性。可达的高度和覆盖与成本的关系	一般取零，除非特殊任务

　　卫星常态运行的轨道为工作轨道，它的选取也是一个复杂的综合权衡问题，要考虑诸多约束包括运载工具、覆盖要求、载荷性能、通信链路甚至政治的因素。这些因素之间往往是相互矛盾的，如近地轨道卫星的星地距离短，信号传输时延小，进入这种轨道所需推进剂也少，但相比高轨而言，其覆盖性和抗毁性更差。

　　空间的辐射环境也是工作轨道选择时要考虑的关键因素，因为范艾伦（Van Allen）高能粒子辐射带的存在，会威胁在轨卫星的运行。范艾伦辐射带的两个子带中，内带高度范围 1500～5000km，外带为 13000～20000km。因此对于低轨星座的 LEO 卫星轨道往往选择低于内带的下限高度，高轨往往就选择 GEO 静止同步轨道。介于 LEO 与 GEO 之间的中轨可能特别适应于某些任务，可以采用卫星加强屏蔽等措施提高其抗辐射能力，将这些轨道加以利用。

　　前述的分析均是以圆轨道为假设进行，对于某些任务，椭圆轨道有其优越性，如可设计利于高纬度地区通信的椭圆轨道。椭圆轨道有其自身的特点，在能量一定的条件下，椭圆轨道有较高的最高轨道高度，近地点高度较圆轨道低。由于远地点的速度较小，因此在远地点有较多的轨道时间可利用。但由于椭圆轨道对地的高度和速度均是变化的，使得卫星对地的覆盖面积也是时变而不均匀的，这个特点是在利用椭圆轨道时需考量的。同时还需考虑地球扁率对于轨道的摄动影响，由于地球扁率使得椭圆轨道的近地点快速转动，进而远地点对地的位置也发生变化，即对于大多数椭圆轨道，远地点不能长期保

持在同一纬度，这对通信卫星的轨道利用带来了难度。由于椭圆轨道近地点的转动与轨道倾角有关，当该倾角为 63.40° 时，近地点则不转动，近地点和远地点就可保持在固定的纬度，这为高纬度地区的通信解决带来了便利。而高纬度地区的覆盖是地球静止同步轨道卫星无法很好解决的，因此也说明不存在一种绝对合理的工作轨道，轨道的好坏是相对其任务要求而言。

对于转移轨道等其他轨道，由于任务不同，在轨道参数的选择上与工作轨道不会完全一致，但设计时所遵循的基本原则相同，在此不作赘述。

6.4.2　星座设计

1. 星座及其规模

对于某些地球表面覆盖或通信业务量的要求，单颗静止同步轨道卫星已难以满足，就需考虑由多颗卫星组成的星座作为设计方案。星座的设计往往有以下几方面的主要因素需考虑。

(1)覆盖率。

(2)业务量。

(3)发射成本。

(4)载荷复杂性。

地面的覆盖要求确定后，则会在覆盖率与卫星数量之间形成迭代的设计过程。同时，业务量指标也会对星座中包括的卫星数提出要求，其主要原因是单颗卫星功率受限条件下，需增加卫星数以提升业务提供能力。卫星的发射成本也需考虑，作为大规模星座，虽然卫星数量多，但轨道高度可以降低，或者轨道倾角较小，因而发射成本较低。反之，规模较小的星座，可用较少的卫星完成覆盖，但可能单星的载荷更复杂，轨道高，倾角大，有可能在单星制造、发射、载荷复杂度上所产生的成本大于其数量降低所带来的成本节约。因此对于星座规模的考量是一个反复权衡的过程。

2. 星座的轨道面

星座设计过程中，轨道面的设计是重要内容。为了简化星座的设计，开始设计时可以假设全部卫星轨道为圆轨道，且具有相同的倾角和高度，下面描述星座轨道面数量设计原则及其扩展。

1)轨道面的数量

卫星星座的一个重要特征就是其轨道面的数量，对称星座要求每个轨道面中的卫星数量相同。如在卫星总数为 16 颗时，对于对称星座可以设计的轨道面数量包括 1、2、4、8 和 16。由于卫星在做轨道面间的转移所需燃料较多，在满足覆盖、业务要求的情况下，轨道面数少更有利。

2)星座扩展对轨道面的要求

具有一定规模的卫星星座，往往是经多次发射建设完成的，或者星座根据业务扩展的要求需扩大星座规模，此时一般会要求调整轨道面内卫星的相位，使得该轨道面内新增卫星后，卫星之间依然保持均匀分布。这种调整可以通过稍微改变卫星轨道高度，将卫星调整到合适的相位，再送回原轨道面的轨道高度，即可完成相位的调整，这种方式所需燃料较少，因此适应于轨道平面少，而每个轨道平面卫星数较多的星座。同一轨道面的卫星数多，也有利于采用一箭多星的方式降低发射成本。

3. 星座的性能台阶

星座的性能对于卫星数目而言，不是渐增式的，而是台阶式的，即只有在星座的每个轨道平面内的卫星数达到相同的数目时，星座性能才能上一个台阶。如一个星座共有 8 个轨道面，当发射入轨第一颗卫星后，星座便获得了一定的性能，但除非每个轨道面都拥有一颗卫星，否则系统不能提升到下一个性能台阶，即这个星座在分别部署了 1 颗、8 颗、16 颗(其余类推)后均会出现一个性能台阶。因此，轨道面少的星座，新增相对较少的卫星数就可提升至另一个性能台阶。同时，一颗卫星的失效，对于轨道面少的星座，也可在轨道面内进行卫星的重新定相和降级性能台阶继续运行。

4. 星座设计步骤

由于星座设计问题较复杂，是通信覆盖、载荷性能、用户地球站性能等因素的综合权衡结果，很难用解析的方法设计具体的星座，需要结合理论分析、仿真等方法按一定的步骤进行设计。星座一般的设计步骤见表 6-3。

表 6-3　星座设计步骤

(1)确定任务要求
①和纬度有关的覆盖
②性能增长和降级台阶的目标
③对不同任务或灵敏度的要求
(2)针对单颗卫星进行全部轨道设计的综合权衡分析
(3)确定覆盖几何对幅宽的限制
(4)进行星座覆盖的综合权衡
①研究下列轨道形式
·Walker 轨道
·赤道轨道
·1 个或 2 个极轨道
·极轨道–赤道轨道
·椭圆轨道
②就下列几个方面评价候选星座
·覆盖性能指标和纬度的关系
·性能增长与降级
·高度台阶
(5)形成设计文件，设计过程反复迭代

6.5　卫星移动信道模型

卫星移动通信系统中，卫星与地球站由于至少一方在移动，因此对于卫星移动信道的研究是一个重要的内容。对于 UHF、L、S 等常用于卫星移动通信系统的工作频段，通过大量的测试，已构建起了多个有效的卫星移动信道模型。本节将描述常用的概率分布模型，包括 C.Loo 模型、Corazza 模型及 Lutz 模型。

6.5.1　C.Loo 模型

C.Loo 信道模型适用于乡村信道环境。C.Loo 模型假设接收到的信号是由受到阴影作用的直射信号分量和不受阴影作用的纯多径信号分量组成的，即接收到的信号可表示为

$$r\exp(j\theta) = z\exp(j\phi_0) + w\exp(j\phi)\ \ z,\ w > 0 \tag{6-1}$$

式中，r、z、w 分别为接收信号、直射波信号及纯多径信号的包络，z 服从对数正态分布，w 服从瑞利分布；θ、ϕ_0、ϕ 分别为对应的相位，服从 0 到 2π 的均匀分布。

在直射信号分量的包络 z 暂时保持不变的条件下，接收信号的包络 r 服从 Rice 分布，可表示为

$$p(r\,|\,z) = \frac{r}{b_0}\exp\left[-\frac{(r^2+z^2)}{2b_0}\right]I_0\frac{rz}{b_0} \tag{6-2}$$

式中，b_0 为由于多径效应造成的平均散射多径功率；$I_0(.)$ 为第一类零阶修正贝塞尔函数。

由于受到阴影遮蔽的作用，直射信号分量的包络 z 服从对数正态（Lognormal）分布，它的概率密度函数可表示为

$$p(z) = \frac{1}{z\sqrt{2\pi d_0}}\exp\left[-\frac{(\ln z - \mu)^2}{2d_0}\right] \tag{6-3}$$

式中，μ 和 d_0 是 $\ln z$ 的均值和方差。

由式 (6-2) 和式 (6-3)，并结合全概率公式理论可计算出接收信号的包络 r 的概率密度函数，即 C.Loo 模型的理论公式为

$$
\begin{aligned}
p(r) &= \int_0^\infty p(r,z)\mathrm{d}z = \int_0^\infty p(r\,|\,z)p(z)\mathrm{d}z \\
&= \frac{1}{b_0\sqrt{2\pi d_0}}\int_0^\infty \frac{1}{z}\exp\left[-\frac{(\ln z - \mu)^2}{2d_0} - \frac{(r^2+z^2)}{2b_0}\right]I_0\frac{rz}{b_0}\mathrm{d}z
\end{aligned}
\tag{6-4}
$$

这个 $p(r)$ 就是 C.Loo 信道模型下，地球站接收到的卫星信号的包络概率密度分布函数。

6.5.2　Corazza 模型

Corazza 模型的适用范围较宽广，包括公路、乡村、郊区和城市。在 Corazza 模型中，

接收信号包络的概率密度函数表示为

$$p_r(r) = \int_0^\infty p(r \mid S) p_s(S) \mathrm{d}S \tag{6-5}$$

式中，$p(r \mid S)$ 是在某个阴影条件 S 下的莱斯(Rice)分布，可表示为

$$p(r \mid S) = 2(K+1)\frac{r}{S^2}\exp\left[-(K+1)\frac{r}{S^2}-K\right] \cdot I_0\left[2\frac{r}{S}\sqrt{K(K+1)}\right], \ r \geqslant 0 \tag{6-6}$$

式中，I_0 为第一类零阶修正贝塞尔函数；K 为莱斯因子。阴影 S 遵循对数正态(Lognormal)的概率密度分布，可表示为

$$p_S(S) = \frac{1}{\sqrt{2\pi}h\sigma S}\exp\left[-\frac{1}{2}\left(\frac{\ln S - \mu}{h\sigma}\right)^2\right] \tag{6-7}$$

式中，$h = (\ln 10)/20$；μ 和 $(h\sigma)^2$ 分别为相关对数变量的均值和方差。

满足式(6-5)～(6-7)模型的信号，其包络可以认为是两个独立随机过程相乘，即 $r = R \cdot S$，其中 R 是一个 Rice 过程，S 是 Lognormal 过程。由于 R 与 S 相互独立，因此

$$p_r(r) = \int_0^\infty \frac{1}{S} p_R \frac{r}{S} p_S(S)\mathrm{d}S = \int_0^\infty \frac{1}{R} p_S \frac{r}{R} p_R(R)\mathrm{d}R \tag{6-8}$$

结合式(6-5)和(6-8)，有

$$\begin{aligned}
p(r \mid S) &= \frac{1}{S} p_R\left(\frac{r}{S}\right) \\
&= \frac{r}{\sigma_R^2 S^2} \cdot \exp\left[-\frac{1}{2}\left(\frac{r^2}{S^2\sigma_R^2}+2K\right)\right] \cdot I_0\left(\frac{r}{S\sigma_R}\sqrt{2K}\right), \ \ r \geqslant 0
\end{aligned} \tag{6-9}$$

式(6-9)暗示 $\sigma_R^2 = 1/2(K+1)$。同时，对于式(6-8)可以有进一步的观察：当 $K \to \infty$ 时，$p_R(R)$ 趋于一个位置在 $R=1$ 处的狄拉克脉冲(Dirac Pulse)。同时，$p_R(R)$ 趋于 $p_S(r)$，即信道是对数正态(Lognormal)分布的。当 $K \to \infty$，并且 $\sigma \to \infty$ 时，没有阴影的影响。因此，根据 K、μ、σ 参数，Corazza 模型可以变换为任意一个通常的非选择性阴影模型。

6.5.3　Lutz 模型

Lutz 模型是另一类常见的卫星移动信道模型，适用于包括乡村、公路、郊区和城市等在内的几乎所有卫星通信环境。Lutz 模型将接收信号功率较高的部分视为处于"好信道状态"，较低的部分视为处于"坏信道状态"。在"好状态"中由于不存在阴影效应，因此由多径分量和直射分量组成的接收信号的包络为莱斯过程，其瞬时功率 S 服从莱斯衰落分布。则信号的归一化功率密度函数为

$$p_{\text{Rice}}(S) = ce^{-c(S+1)}I_0(2c\sqrt{S}) \tag{6-10}$$

式中，c 为莱斯因子(即信号直射分量功率与多径分量功率之比)；$I_0(\cdot)$ 为第一类零阶修正贝塞尔函数。归一化是以直射无遮挡的卫星信号功率为单位进行的，在无遮挡条件下的平均接收总功率就是 $1 + 1/c$。

在"坏状态"中，假设接收信号不存在直射分量，受到阴影效应的接收信号包络 R 服从 Rayleigh 分布，如以 S_0 表示短时平均接收功率，则接收信号的功率密度函数可表示为

$$p_{\text{Rice}}(S \mid S_0) = \frac{1}{S_0} \exp(-S \mid S_0) \tag{6-11}$$

阴影导致了 S_0 的时变，设其服从对数正态分布，其概率密度函数可表示为

$$p_{\text{LN}}(S_0) = \frac{10}{\sqrt{2\pi}\sigma \ln 10} \cdot \frac{1}{S_0} \exp\left[-\frac{(10\log S_0 - \mu)}{2\sigma^2} \right] \tag{6-12}$$

式中，μ 为平均功率电平；σ^2 为由阴影作用引起的功率电平的方差。

由全概率公式可得，在"坏状态"下接收信号的功率密度函数可表示为

$$p_{\text{Rayl-LN}}(S) = \int_0^\infty p_{\text{Rayl}}(S \mid S_0) p_{\text{LN}}(S_0) \mathrm{d}S_0 \tag{6-13}$$

令 A 表示阴影遮蔽的时间百分比(即"坏状态"的出现概率)，该百分比反映了在通信过程中用户所处的信道在好、坏状态间切换。得到总的接收信号的功率密度函数为

$$p(S) = (1-A) \cdot p_{\text{Rice}}(S) + A \cdot p_{\text{Rayl-LN}}(S) \tag{6-14}$$

以上就是 Lutz 模型下的接收信号功率概率密度表达式。

6.6　典型卫星移动通信系统

卫星移动通信系统自 20 世纪 80 年代开始发展至今，已经建成了多个成功投入运营的典型系统。这些系统采用的卫星平台包括了地球静止同步轨道卫星、地球低轨卫星等。基于不同的卫星平台，其系统特征不同，如基于地球静止同步轨道卫星的系统，能以较少的卫星实现地面的广域覆盖，但要求卫星的信号收发能力强，才可实现与地球站的通信；基于低轨卫星的系统，信号传输时延低，可用较小的卫星平台实现星地通信，但要求的卫星数目多，且要解决卫星相对地面运动所带来的切换问题。本节对国内外的几个典型卫星移动通信系统进行简介，从而展示卫星移动通信的实际应用。

6.6.1　天通卫星移动通信系统

天通卫星移动通信系统是我国建成的第一代卫星移动通信系统，其卫星命名为"天通一号"。"天通一号 01 星"于 2016 年 8 月 6 日在西昌卫星发射中心成功发射，标志着我国进入到了卫星移动通信的手机时代，填补了国内空白。"天通一号"卫星基于东方红四号平台研制，用户链路工作于 S 频段，支持 1.2～384Kbit/s 的数据传输速率。

"天通一号"卫星移动通信系统由空间段、地面段和用户终端组成，空间段由地球同步轨道移动通信卫星组成，"天通一号"手持终端和便携式卫星地球站如图 6-2 和图 6-3 所示。卫星拥有多个国土点波束，实现了我国领土、领海及亚太地区的覆盖。系统支持车辆、飞机、船舶和个人等各类移动用户，地球站包括手持型、便携型、车载型、数据采集型等多种形态，可为个人通信、海洋运输、远洋渔业、航空救援、旅游科考等各个

领域提供全天候、稳定可靠的移动通信服务，支持语音、短消息和数据业务。

图 6-2　"天通一号"系统的手持卫星地球站(手持终端)　图 6-3　"天通一号"系统的便携式卫星地球站

6.6.2　国际海事卫星系统

国际海事卫星系统(Inmarsat)也称国际卫星移动系统,最早是为海洋船舶提供通信保障,后随着其业务向陆地的扩展,进行了更名。国际海事卫星系统的网络控制中心位于英国伦敦,在各大洋区又建了多个协调站。

国际海事卫星系统自 1982 年开始经营以来,该系统卫星已发展到第五代,其 Inmarsat-5 F4 卫星于 2017 年 6 月 4 日发射,Inmarsat 手持式卫星地球站(终端)如图 6-4 所示。目前国际海事卫星系统利用十余颗 GEO 卫星组成的多个星座在全球范围提供卫星移动通信服务。其中的 3 颗 Inmarsat-4 卫星采用了一副能产生多波束的 9m 直径的 L 频段大天线和一台具有信道选择和波束成形功能的弯管式数字信号处理器 (Digital Signal Processor,DSP),共有 200 个点波束、19

图 6-4　Inmarsat 手持式卫星地球站(终端)

个宽波束和 1 个全球波束,其点波束提供用户终端的卫星等效全向辐射功率,强度为 67dBW。Inmarsat-5 工作于 Ka 频段,也采用多波束体制,提供宽带业务。每颗 Inmarsat-5 卫星有效载荷有 89 个 Ka 频段的点波束,独立于已有的 L 频段卫星提供移动或固定的通信服务。

6.6.3　铱星系统

铱星(Iridium)系统是由 66 颗低轨卫星组成的低轨卫星全球移动通信系统,1998 年 11 月开始商业运营。该系统全球覆盖包含两极地区,星上采用处理和交换技术、多点波束天线技术及星际链路技术。星际链路和馈线链路为 Ka 频段,用户链路为 L 频段,提供电话、传真、数据和寻呼等业务。

铱卫星公司新一代系统为"NEXT"卫星星座,其沿用现有的 Iridium 星座结构,完成对整个地球的全覆盖。设计采用 81 颗卫星(66 颗代替现有星座，6 颗在轨备份，9 颗地面备份)用于提升现有的 Iridium 系统移动通信能力，Iridium 手持卫星终端如图 6-5 所示。

图 6-5　Iridium 手持卫星终端

6.7　习　　题

1. 试回答不同工作频段的卫星移动通信系统，对于用户地球站类型的支持有什么不同，为什么？

2. 试回答基于地球静止同步轨道卫星及非静止轨道卫星的系统各有哪些优缺点？

3. 试计算以下不同情况下的信号传播时延。

(1)设地球静止同步轨道卫星距地球赤道高度为 36000km，计算赤道上一地球站发射信号至卫星，再由卫星透明转发(无处理时延)至距卫星 40000km 外的另一地球站的传输时延。

(2)设非静止轨道卫星距地面高度为 800km，计算星下点处的一地球站与卫星之间无线电信号一次往返所需的传输时延。

注：星下点即地球中心与卫星的连线在地球表面上的交点。

4. 卫星移动通信所涉及的关键技术有哪些？请分别列举所涉技术当前的主流参数。

5. 卫星轨道设计的步骤有哪些?试设计临近范艾伦辐射带的可使用的工作轨道参数。

6. 试设计一个椭圆轨道，使是其近地点和远地点可保持固定的纬度。

7. 试设计一个卫星数不低于 20 颗的 Walker 星座系统。

8. 试解释 C.Loo 信道模型中，接收信号包络概率密度函数中变量的物理含义。

9. 试解释 Corazza 信道模型中，接收信号包络概率密度函数中变量的物理含义；并解释该模型在参数的不同取值情况下，如何向其他模型转换。

10. 试解释 Lutz 信道模型中，接收信号功率概率密度表达式中变量的物理含义。

第7章 宽带卫星网络技术

7.1 TCP/IP 概述

7.1.1 TCP/IP 的含义

TCP/IP（Transmission Control Protocol/Internet Protocol，传输控制协议/因特网互联协议）是由网络层的 IP 协议和传输层的 TCP 协议组成，是 Internet 最基本的协议和国际互联网络的基础，TCP/IP 定义了电子设备（如计算机）如何连入因特网，以及数据如何在它们之间传输的标准。

TCP 是一个四层的分层体系结构，负责聚集信息或把文件拆分成更小的包。IP 是网络层协议，它处理每个包的地址部分，使这些包正确地到达目的地。

7.1.2 TCP/IP 的原理

1. IP 协议原理

1) IP 协议的基本功能

IP 协议的基本功能有两个：逻辑编址和路由选择。

在数据向非本地网络传输过程中，当要穿过网络边界时，需要一种编址方式区分源系统和目的系统，此时，IP 协议将上层数据加上头部然后传递给下一层。

当许多独立的网络互联在一起组成更大的网络时，用于连接独立网络的设备叫路由器，路由器就是根据 IP 地址转发数据。

2) IP 协议的数据结构

IP 协议的数据结构如表 7-1 所示，长度一般为 20～60 位，IP 协议包含的重要字段有以下方面。

（1）版本：长度为 4 位，定义 IP 协议的版本，目前 IP 协议的版本是 IPv4 或 IPv6。

（2）首部长度：长度为 4 位，它定义了 IP 头部的长度。

表 7-1　IP 协议的数据结构

4 位版本	4 位首长	8 位服务类型(TOS)		16 位总长度(字节数)	
16 位标识				3 位标识	13 位片位移
8 位生存周期(TTL)		8 位协议		16 位首部校验和	
32 位源地址 IP					
32 位目的地址 IP					
选项(如果有)					
数据					

(3)服务类型：长度为 8 位，它定义了路由器如何处理此数据报，该字段分为两个子字段，前一个子字段标识优先和服务类型，后一个子字段未使用。

(4)总长度：长度为 16 位，以字节为单位，总长度=数据长度+首部长度。

(5)标识：长度为 16 位，当数据报离开主机时，这个标识和源 IP 唯一地定义这个数据。

(6)标志：长度为 3 位，第一位保留给以后用，第二位置 1 表示不可分片，第三位置 1 表示还有分片。

(7)片偏移：长度为 13 位，表示这个分片在整个数据报中的相对位置。

(8)生存时间：一个数据报在它通过互联网时必须具有受限的寿命。这个字段最初设计是保持一个时间戳，每经过一个路由器数值减 1，当时间戳变为 0 时丢弃。

(9)协议：长度为 8 位，定义使用此 IP 层服务的高层协议。

常见高层协议在这一字段对应的值，如表 7-2 所示。

表 7-2　常见高层协议对应值

值	协议
1	ICMP
2	IGMP
6	TCP
8	EGP
17	UDP
41	IPv6
89	OSPF

(10)源地址：长度为 32 位，定义源站 IP 地址，在数据报从源主机发送到目的主机的时间内，这个字段必须保持不变。

(11)目的地址：长度为 32 位，定义目的站 IP 地址，在数据报从源主机发送到目的主机的时间内，这个字段必须保持不变。

3)IP 地址的表示

现在的网络使用 IPv4，即 IP 的第 4 个版本。IP 地址是 32 位地址，以点分十进制表示，如 172.16.0.0。

地址格式为：

$$IP 地址=网络地址＋主机地址$$

或

$$IP 地址=网络地址＋子网地址＋主机地址$$

例如：172.1.1.1/16 是一个 16 位的 IP 地址，其中前 16 位是网络位，用于标识这个 IP 属于那个网段，后 16 位是主机位，用于标识配置此 IP 的主机。

172.1.1.1/16 转换为二进制：

```
10101100.00000001.00000001.00000001
转换成十进制        172          1          1          1
子网掩码           11111111.11111111.00000000.00000000
```

网络号 10101100.0000001.0000000.0000000 即 172.1.0.0

主机号 00000000.00000000.00000001.00000001 即 0.0.0.1

前面阴影部分与子网掩码的 1 对应，是网络位。

后面阴影部分与子网掩码的 0 对应，是主机位。

（子网掩码与 32 位 IP 地址一一对应，1 表示与之对应的地址位是网络位，0 表示与之对应的地址位是主机位。）

4）IP 地址的分类

为了满足不同容量的网络，Internet 委员会将 IP 地址划分成了 5 类：A 类、B 类、C 类、D 类、E 类，各类 IP 地址的范围如下。

A 类地址：1.0.0.0～127.255.255.255。

B 类地址：128.0.0.0～191.255.255.255。

C 类地址：192.0.0.0～23.255.255.255。

D 类地址：224.0.0.0～239.255.255.255。

E 类地址：240.0.0.0～255.255.255.255。

在每类地址中，主机位全 0 的表示 IP 所属网段，主机位全 1 的表示本网段的广播地址，因此，

A 类地址共有 2^{24}–2=16777214 个主机位，可用于容量较大组织的计算机网络。

B 类地址共有 2^{16}–2=65534 个主机位，可用于中等大小组织的网络。

C 类地址共有 2^8–2=254 个主机位，可用于小型组织的网络。

D 类地址定义为多播地址，没有网络位与主机位之分。

E 类地址保留给今后的 Internet 使用。

2. TCP 协议原理

1）TCP 协议的基本功能

（1）服务点编址。计算机常在同一时间运行多个程序。因此，从源地址到目的地址的交付并不仅是从一个主机到另一个主机，同时还指从一个主机的特定程序到另一个主机的特定程序。网络层将每一个分组送到正确的主机，而传输层则将完整的报文送到该主机的相应进程上。

（2）分段与重装。报文在转发前要划分成若干个可传输的报文段，每个报文段对应一个序号。这些序号的作用在于使报文在传输层到达目的地后能够重装起来，并且能够识别在传输过程中丢失的分组。

（3）连接控制。传输层可以是无连接的，也可以是面向连接的。无连接传输时，传输层将每个报文看成是独立的数据报进行传输；面向连接传输时，先要和目的主机的传输层建立一条连接，当全部数据传送完毕后，连接才被释放。

(4)控制流。传输层的数据传输如同数据链路层一样也有流量控制,与数据链路层不同的是,在传输层的流控制是在端到端的意义上实现的,而不是在链路上实现的。

(5)差错控制。数据在到达接收端后必须是无差错的,即无篡改、无丢失、无重复,纠错方式通常是通过重传来完成。

2)TCP 协议的数据结构

TCP 协议首部长度为 20~60 字节,见表 7-3。下面对协议首部中的字段进行解释。

(1)源端口号:长度为 16 位,表示在发送端应用程序的端口号。

(2)目的端口号:长度为 16 位,表示接收端应用程序的端口号。

(3)序列号:长度为 32 位,是本报文段发送的数据组的第一个字节的序号,是 TCP 可靠传输的关键部分,在 TCP 传输流中,每一个字节一个序号,确保了 TCP 传输的有序性。

(4)确认号:长度为 32 位,表示期待接收的字节序号,假设接收端成功接收的序号为 x,则它的确认号为 $x+1$。

(5)首部长度:长度为 4 位,标识 TCP 首部的长度。

(6)保留位:长度为 6 位,为今后新的用途保留,一般置为 0。

(7)控制:定义了 6 种不同的控制位或标志,分别为:URG、ACK、PSH、RST、SYN 和 FIN。

(8)窗口大小:即滑动窗口大小,长度为 16 位,用来告知发送端接收端的缓存大小,以此控制发送端发送数据的速率,从而达到流量控制。由于字段长度为 16 位,所以窗口的最大长度为 65534 字节。

(9)紧急指针:长度为 16 位,只有当紧急标志置为 1 时才有效,是一个正的偏移量,和顺序号字段中的值相加表示紧急数据最后一个字节的序号。

表 7-3 TCP 协议数据结构表

TCP 源端口号(16 位)							TCP 目的端口号(16 位)	
序列号(32 位)								
确认号(32 位)								
首部长度 (4 位)	保留位 (6 位)	U R G	A C K	P S H	R S T	S Y N	F I N	窗口大小(16 位)
校验和(16 位)							紧急指针(16 位)	
选择+填充								
数据区								

3)TCP 的三次握手(图 7-1)

(1)第一次握手:建立连接时,客户端发送 syn 包(syn=j)到服务器,并进入 SYN_SEND 状态,等待服务器确认。

(2)第二次握手:服务器收到 syn 包,必须确认客户的 SYN(ack=$j+1$),同时自己也发送一个 SYN 包(syn=k)，即 SYN+ACK 包，此时服务器进入 SYN_RECV 状态。

第三次握手：客户端收到服务。

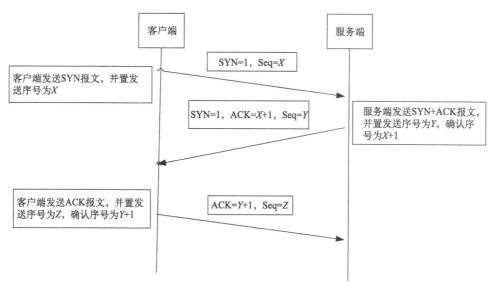

图 7-1　TCP 的三次握手

4) TCP 的窗口机制

TCP 使用滑动窗口协议完成流量控制，两个主机为每一个连接各使用一个窗口，如图 7-2 所示。

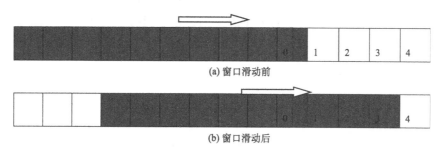

(a) 窗口滑动前

(b) 窗口滑动后

图 7-2　TCP 使用窗口滑动示意图

如图 7-3 所示，在收到确认数据之前可以发送 10 字节的数据，当收到对前 3 字节的确认后，可以直接发送后面的 10 字节的数据。这时窗口会有一个指针"──▶"，标记哪些是已发送数据，哪些是未发送数据。

此外，窗口大小是可以改变的。假设接收端确认收到 3000 字节，并定义窗口大小为 200 字节，此时发送端的窗口应为从 3001 到 3200。在实际数据传输过程中，发送端不一定要发送整个窗口大小的数据，窗口大小可由目的站将其增大或减小，且接收端可以在任何时候发送确认信息。

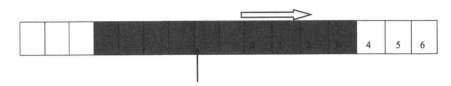

图 7-3　TCP 滑动窗口协议字节发送情况

7.1.3　TCP/IP 的应用

1. TCP/IP 在 FTP 中的应用

文件传输协议(File Transfer Protocol，FTP)为 Internet 上的文件双向传输协议。FTP 支持两种模式：Port 模式(也称主动模式)和 Passive 模式(也称为被动模式)。

1) Port 模式

FTP 客户端首先和服务器的 TCP21 端口建立连接，需要接收数据的时候在这个通道上发送 PORT 命令。PORT 命令包含了客户端接收端口号。在传送数据的时候，服务器端通过自己的 TCP20 端口连接至客户端的指定端口。

2) Passive 模式

建立控制通道和 Port 模式类似，建立连接后发送 Pasv 命令。服务器收到 Pasv 命令后，重新打开一个临时端口(端口号介于 1023 与 65535 之间)，并通知客户端在这个端口上传送数据，客户端连接 FTP 服务器此端口，然后 FTP 服务器将通过这个端口传送数据。

需要注意的是，在通常情况下，防火墙不允许接收外部发起的连接，客户端无法穿过防火墙打开 FTP 服务器的高端端口，因此位于防火墙后或内网的 FTP 服务器不支持 PASV 模式；同样道理，从服务器的 TCP20 端口也无法和内部网络的客户端建立一个新的连接，所以内网的客户端也不能用 PORT 模式登录 FTP 服务器，造成无法工作。

2. TCP/IP 在 HTTP 中的应用

超文本传输协议(Hyper Text Transfer Protocol，HTTP)可以传送普通正文、超文本、音频、视频等形式的数据，它能从一个文档迅速跳到另一个文档。HTTP 使用 TCP/IP 协议实现可靠传输，通用端口号为 80。当用户请求 www.xxx.xxx 的数据时，默认封装目的端口为 80，www.xxx.xxx 域名对应 IP 为目的地址。

7.1.4　TCP/IP 存在的问题

1. TCP/IP 协议的缺点和局限性

1) TCP/IP 协议的缺点和局限性

操作系统之所以有漏洞，其中一个重要原因就是协议本身的缺陷给系统带来的攻击点。网络协议是网络中互相通信的对等实体之间为了互联而必须共同遵守的规则。目前，TCP/IP 协议为互联网络所采用的主流协议，但是在最初设计时只过分强调其开发性和便利性，而没有仔细考虑其安全性，因此很多网络协议都存在严重的安全漏洞，给 Internet

留下了许多安全隐患。甚至有些网络协议缺陷造成的安全漏洞还会被黑客直接用来攻击受害者系统。下面对 TCP/IP 协议自身所存在的安全问题和协议防护进程进行讨论，指出针对这些安全隐患的攻击。

2) TCP 协议的安全问题

TCP 连接的建立是通过三次握手机制实现的，SYN 包为握手的第一个报文；SYN/ACK 包为第二个报文，表明它应答第一个 SYN 包同时继续握手的过程；ACK 包为第三个报文。若 A 为连接方，B 为响应方，其间可能的威胁如下。

(1) B 方发出的 SYN/ACK 报文被攻击者监听。

(2) 攻击者向 B 方先发送 RST 包，接着发送 SYN 包，假冒 A 方发起新的连接。

(3) B 方响应新连接，并发送连接响应报文 SYN/ACK。

(4) 攻击者再假冒 A 方对 B 方发送 ACK 包。

这样攻击者便达到了破坏连接的作用，若攻击者再趁机插入有害数据包，则后果更严重。

TCP 协议把通过连接而传输的数据看成是字节流，用一个 32 位整数对传送的字节编号。初始序列号(ISN)在 TCP 握手时产生，产生机制与协议实现有关。攻击者只要向目标主机发送一个连接请求，即可获得上次连接的 ISN，再通过多次测量来回传输路径，得到进攻主机到目标主机之间数据包传送的来回时间 RTT。已知上次连接的 ISN 和 RTT，很容易就能预测下一次连接的 ISN。若攻击者假冒信任主机向目标主机发出 TCP 连接，并预测到目标主机的 TCP 序列号，攻击者就能伪造有害数据包，使之被目标主机接收。

3) IP 协议的安全问题

IP 协议提供无连接的数据传输，IP 协议根据 IP 首部中的目的地址发送 IP 数据包。也就是说，IP 路由发送 IP 数据包时，对 IP 头中提供的源地址不做任何检查，并且认为 IP 首部中的源地址即为发送该包的 IP 地址。这样，依靠 IP 源地址做确认的服务有可能会被非法入侵。

以防火墙为例，防火墙只允许网络信任的 IP 数据包通过，但是不检测 IP 数据包中的 IP 源地址是否为源主机的真实地址。因此，攻击者可以采用 IP 源地址欺骗的方法来绕过防火墙。另外，以 IP 地址作为安全权限分配依据的网络应用也很容易使用 IP 源地址欺骗的方法获得特权。事实上，每一个攻击者都可以利用 IP 不检验 IP 首部源地址的特点填入伪造的 IP 地址进行攻击，并且自己不容易被发现。

2. TCP/IP 协议安全问题的防范

1) TCP 协议安全问题的防范

对于 SYN Flood 攻击，目前还没有完全有效的方法，但可从以下几个方面加以防范。

(1) 对系统设定相应的内核参数，使得系统强制对超时的 SYN 请求连接数据包的复位，同时通过缩短超时常数和加长等候队列使得系统能迅速处理无效的 SYN 请求数据包。

(2) 建议在该网段的路由器上做些配置的调整，如限制 SYN 半开数据包的流量和个数。

(3) 建议在路由器的前端进行必要的 TCP 拦截，使得只有完成 TCP 三次握手过程的数据包才可以进入该网段，这样可以有效地保护本网段内的服务器不受此类攻击。

2)IP 协议安全问题的防范

IP 协议安全防范常见的方法如下。

(1)最简单的方法是抛弃基于地址的信任策略。

(2)进行包过滤。如果网络是通过路由器接入 Internet 的，那么可以利用路由器来进行包过滤。确认只有内部 LAN 可以使用信任关系，而内部 LAN 上的主机对于 LAN 以外的主机要慎重处理。路由器可以过滤掉所有来自于外部而希望与内部建立连接的请求。

(3)使用加密技术。阻止 IP 欺骗的一种简单的方法是在通信时要求加密传输和验证。当有多种手段并存时，加密方法可能最为适用。

7.2　卫星 TCP/IP 数据传输技术

利用 TCP/IP 协议进行数据传输逐渐成为网络应用的主流。Internet 在全球的急剧膨胀导致传输带宽资源紧缺已经成为限制其发展的主要因素。卫星通信良好的广播能力和不受各种地域条件限制的优点使卫星通信在未来仍将发挥重要作用，卫星通信将是无线Internet 的重要手段。目前，利用卫星进行 TCP/IP 数据传输(卫星 IP 网络)已经引起人们的重视。

7.2.1　卫星 IP 网络与 TCP/IP

一个典型的卫星 IP 网络如图 7-4 所示。其中基于地面的网络通过互联单元(InternetWorking Unit，IWU)与卫星调制解调器相连。互联单元可以是协议网关，也可以是 ATM卫星互联单元(ATM Satellite Interworking Unit，ASIU)，这些互联单元(也很可能配置在卫星调制解调器中)完成 WAN 协议(如 IP、ATM)和卫星链路层协议间的转换。

1. 卫星 TCP/IP 协议

TCP/IP 是当今进行网络数据传输时使用的主要协议族。该协议族中，TCP 和 IP 是核心，分别控制着数据在互联网上的传输和路由选择。在卫星互联网中，IP 被设计为网间互联协议，是一个为广域网设计的无连接网络层协议，IP 协议数据包可在几乎所有链路层协议上的网关(或路由器)间传递。TCP 负责数据在设备之间进行端到端的可靠交付。从这个意义上说，卫星链路对 TCP/IP 数据传输的影响主要体现在 TCP 这一层(虽说理论上讲 TCP 不必关心 IP 协议是运行于光纤还是卫星上，但实际上必须考虑这一点，否则可能会使 TCP 逻辑上正确，但实际性能很差)。

TCP 使用基于滑动窗口的流量和拥塞控制方式，通过确认分组流实施控制。TCP 使用基于往返定时器(Round-Trip Timer，RTT)的自适应时钟来调节超时重发。TCP 为完成对数据的确认使用了滑动窗口机制，为避免拥塞采用了"慢启动"策略。

发方为保证对丢失或损坏数据的重发，必须保留数据副本，直至发方收到数据确认(ACK)。另一方面，为避免大量可能丢失的数据副本占用大量存储器并占用带宽，TCP采用滑动窗口装置限制传送中的数据数量。随着确认的返回，TCP 在前移窗口的同时发送不断增加的数据。一旦窗口被占满，发方必须停止传输数据直至更多的确认到达。

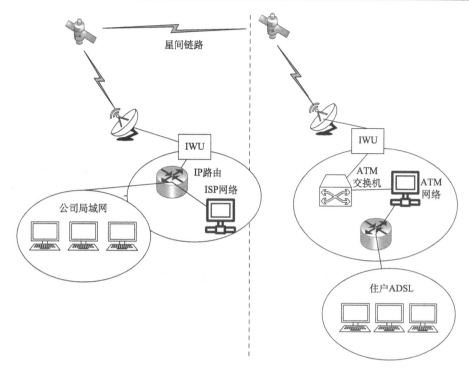

图 7-4　卫星 IP 网络示意图

虽然 TCP 能发现数据没有送达，但重新发送会进一步加剧信道的拥塞，从而导致数据丢失。为避免网络因拥塞而瘫痪，TCP 只能降低传输速率以对数据丢失做出反应。但是从算法上讲，TCP 每次进行新的连接都必须从最低的传输速率启动，TCP 用返回的 ACK 来指示提高速率，这是一个较慢的线性增加的过程，这就是所说的"慢启动"。

卫星通信网是一个高带宽延迟产物(Band-width-Delay Product，BDP)网络，因此，卫星信道对 TCP/IP 数据传输网络有一定的影响。网络的基本属性是延迟(信息从发送节点传送到接收节点的双向等待时间，通常称为往返时间)和带宽(在某段时间内能传输的比特数)。在传输/数据链路层，BDP 代表网络上任何时刻允许的最大待确认处理的信息数量，也指出为了获得最佳性能，端用户必须拥有的缓存要求上限。

卫星 IP 网需要研究的问题还有 QoS、互操作和路由选择等问题，但其影响主要体现在通信流量(拥塞)控制和协议带宽效率两个方面，因此卫星 TCP/IP 传输研究也主要集中在这两方面。

2. 卫星 TCP/IP 面临的主要问题

卫星 IP 网络面临的各种问题源于卫星信道和卫星网络的各种固有特性，主要体现在三个方面。

1)信道差错率

卫星信道的比特差错率(BER)大约为 10^{-6} 数量级，这远远高于高速有线介质(如光纤)。另外空间信道的各种随机因素(如雨衰等)使得信道出现突发错误。TCP 是一个使用分组丢失来控制传输行为的丢失敏感协议,它无法区分拥塞丢失和链路恶化丢失。因此,噪声相对高的卫星链路大大地降低了 TCP 的性能,并且存在虽然网络没有拥塞,但较大的 BER 过早地触发了窗口减小机制的情形。此外,ACK 分组的丢失也会使吞吐量进一步恶化。

2) 传播延迟

轨道类型影响卫星网络延迟的主要因素,除此之外,卫星网络延迟还受星间路由选择、星上处理以及缓存等因素的影响。一般情况下,低轨系统单向传播延迟是 20~25ms,中轨系统是 110~130ms,静止轨道系统为 250~280ms。通常而言,延迟对 TCP 的影响主要体现在:它降低了 TCP 对分组丢失的响应,特别对于仅想临界发送超过缺省启动窗口大小(仅超过一个 TCP 数据段)的连接更是如此。此时用户必须在慢启动状态下,在第一个 ACK 分组收到前,等待一个完全的往返延迟;卫星延迟和不断增加的信道速度(10Mbit/s 或更高)还要求有效的缓存;增加的延迟偏差(Variance)反过来也会通过在估算中加入噪声影响 TCP 定时器机制,这一偏差会过早产生超时或重传,出现不正常的窗口大小,降低了总的带宽效率。简单地增加 TCP 定时器粒度(Granularity)在此没有多大帮助,因为尽管较大的值可以降低错误超时,但带宽利用不足也将因较长的延迟而增加。

3) 信道不对称

许多卫星系统在前向和反向数据信道间有较大的带宽不对称性,采用速度较慢的反向信道可使接收机设计更经济且节省了宝贵的卫星带宽。考虑到大量 TCP 传输的较大单向性(如从 Web 服务器到远端主机),慢速反向信道在一定程度上是可以接受的。但非对称配置对 TCP 仍有显著的影响,例如,由于 ACK 分组会丢失或在较大数据分组后排队,较慢的反向信道会引起 ACK 丢失和压缩等有害影响,从而大大减小吞吐量,且吞吐量随不对称程度的增加呈指数减小。

7.2.2　卫星 TCP/IP 传输的基本改进

TCP 是 TCP/IP 中用于可靠数据传输的数据传输协议,TCP 要求反馈以确认数据接收成功。卫星信道的一些固有特性(如较大延迟、较高比特差错率和带宽不对称等)对通过卫星链路进行 TCP/IP 传输有一定的负面影响,主要体现在过长的 TCP 超时和重传引起较大的带宽浪费,此外还要考虑卫星环境下的一些 TCP 特性,如窗口较小,往返定时器不精确,以及滑动窗口等问题。研究人员对提高卫星网中的 TCP 性能提出了许多解决方案,如研究涉及链路层差错控制方案和协议,以及完善 TCP 版本等。

1. 链路层改进

在卫星使用 TCP 协议进行数据传输过程中,链路差错率是一个主要考虑的方面。目前已有许多差错控制方案可供选择,前向纠错(Forward Error Correction,FEC)方案和自动重传(Automatic Repeat Request,ARQ)协议是两个主要的差错控制方法。

前向纠错方案可以选择卷积编码和级联编码,一些较高级的编码方案还同时采用比特交织技术减小突发错误的影响。较好的系统通过采取这些差错控制方案可以把 BER 值控制在 10^{-7} 在以下,从而使分组差错率达到 10^{-9} 以下。但是由于在差错控制方案引入了数据冗余，编码复杂度减慢了卫星调制解调器的速度并降低了带宽效率。因此不同业务和网络条件支持的编码方案的范围是不同的。系统设计中应根据具体情况具体分析，例如，可根据业务对延迟是否敏感采用不同的编码级数，还可使用数据压缩技术抵消由编码引起的带宽效率的降低。

自动重传协议包括停止-等待、返回 N 和选择重传等三种类型。自动重传协议由于额外的重传延迟不适合较高的 BER 环境。选择重传较另两种自动重传效率高些，但需要调制解调器中有较高的复杂度。

2. TCP 改进

在卫星 TCP/IP 数据传输过程中，由于延迟时间过长，通常 TCP 滑动窗口大小限制了卫星链路的最高吞吐量。同样，由于 ACK 从卫星返回比较缓慢，TCP 达到全速时需要一个较长的时间，即使对于一个较小的数据连接也是如此。

调整某些参数增强 TCP 的性能，如数据段、定时器和窗口的大小。在 TCP 实现中也包含大量拥塞避免算法，如慢启动、选择重传和选择确认等，它通常能改进共享网络的性能。但许多拥塞控制算法，特别是慢启动中，当中等数量数据正在一个具有较大带宽延迟特性的链路上传输时，会产生端到端通信的带宽低效利用问题。对此我们需给出相应的解决办法。

1) 基本 TCP 改进

缺省窗口大小仅限于 16bit 是 TCP 的一个问题，这对于高速传输的卫星通信来说是不够的，由于要求的窗口大小很容易超出最大允许的 65536 字节，限制了数据传输的最大吞吐量。由于对报头的相应改变会造成网络互联的复杂化，因此仅通过为 TCP 窗口大小安排更多的比特是不可行的。但是可以通过窗口扩缩选项解决这一问题，在连接时协商一个比例因子，这个因子通常是 2 的指数幂，则最大允许窗口可达到 32bit，这对于卫星网络是足够的。不过增大的窗口也会引起序列号回绕问题，要求附加回绕保护序列号（Protection Against Wrapped Sequence Number，PAWSN）机制。

2) 选择性确认改进

在利用 TCP 协议传输数据的过程中，易受丢包的影响，由于包的丢失造成失去"自计数"属性和超时。因此，在长延迟网络中，为了降低包丢失率，提高带宽利用率，可以采用阻止不必要的窗口减小并仅重发受损或丢失分组的方法，该方法对 TCP 协议提出了明显的改进且允许接收方仅精确地重传遗漏的分组，从而有效地降低不必要的重传。但是该方法仅适合于具有中等丢失率的长延迟网络传输环境。

3) 非对称性考虑

信道不对称也是卫星 TCP/IP 数据传输过程中必须考虑的一个问题，其解决办法是在数据传输过程中确保适当的反向带宽，并使用尽可能大的分组。

7.3　TCP在卫星链路上的性能问题及采用标准机制增强TCP性能

7.3.1　TCP在卫星链路上的性能问题

卫星网络成为Internet的一部分最早可追溯到20世纪70年代中期(以大西洋分组卫星网络或SATNET的形式),当时的试验报告表明SATNET的最大链路容量为56Kbit/s,TCP在卫星网络中能正确工作。由于用户数量较少,虽然链路容量较低,但是性能问题并没有显现出来。然而,随着技术的进步,高频率、高带宽的射频及激光通信链路已经在卫星网络中使用,卫星链路容量不断增加,使得TCP在高带宽、高延时的卫星链路中性能不断下降。端到端路径中影响传输协议性能的主要特征有延时、带宽、拥塞导致的丢包和传输差错导致的丢包。在实际网络中,如果端到端路径包含卫星信道,则这些参数将与地面网络中相差甚远。

(1)延时。延时主要由传播延时、传输延时和排队延时三部分组成。在广播卫星通信中,传播延时为主要部分。对于经过GEO卫星链路的连接,单向传播延时大约为270ms(中纬度地区),这还取决于是否有为前向纠错而采用的比特交织。在GEO链路中,通常可以通过多普勒缓存消除传播延时的变化。在LEO情况下,绝对延时降低了一个数量级,通常为20~200ms,但是它们可能由于卫星运动或者路由改变而存在较大的延时变化,并且排队延时也可能会更大。一般情况下,高度为1000 km轨道上的卫星,将使单跳单向传播延时约20ms。如果增加跳数,则将相应增加延时。在卫星网络中,由于LEO卫星之间的相对运动、传播延时将会随时间和连接路径发生变化。因此,LEO卫星链路的延时比GEO卫星链路变化较大。

(2)不对称性。通常情况下,卫星网络中TCP的前向链路和反向链路在带宽上通常有着很大的不对称性,一般情况下,由于星上功率受限,前向链路的有效带宽远大于反向链路的有效带宽。在考虑TCP传输的单向特性(如从网络服务器到远程主机)的前提下,较慢的反向链路在很大程度上是可接收的。

(3)传输差错。在卫星数据传输过程中,使用传统的设备会使比特误码率(Bit Error Ratio,BER)比较高,最低平均为10^{-7},最差为10^{-4},这主要是因为传统设备是为语音和视频服务的。在考虑新的调制和编码技术,同时增加发射功率的前提下,可以得到较低的误比特率,如在GEO系统中,可以获得10^{-10}的平均误比特率。

(4)拥塞。在现代卫星通信系统中,由于使用毫米波或者激光星间链路,卫星网络的传输瓶颈一般发生在地球与卫星之间的链路。然而,如果缺乏拥塞控制,可能会出现拥塞。针对以上问题,研究者们提出了利用TCP协议特征标准化的优点,以及改善底层通信信道性能的解决方案,这些方案被IETF采纳为best practices。

例7-1　如图7-5所示的慢启动-拥塞避免算法,假设TCP在一条往返延时为100ms的移动卫星链路上传输一个400KB的文件。如果TCP发送的报文段大小为1KB,则:

(1)发送完该文件需要用多少RTT?

(2)此次传输的有效吞吐量是多少?

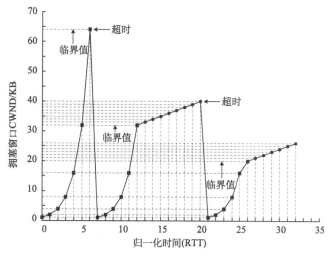

图 7-5　慢启动－拥塞避免算法

解： (1)传输完 400KB 大小的文件，需要用 RTT 数为 24。

(2)此次传输的有效吞吐量为

$$(400\times8)/(24\times0.1)=133.3\,(\text{Kbit/s})$$

7.3.2　采用标准机制增强 TCP 性能

到目前为止，在卫星网络中，研究者提出了一些用 TCP 扩展改善 TCP 协议性能的方案。虽然一些方案已经被提出来多年，但直到最近 TCP 才支持实现。由于考虑到市场效益，大多数销售商不愿意支持 TCP 性能改善方案。不过由于操作系统的快速发展，配置 TCP 增强的障碍相对其他协议要小一些。为了改善 TCP 性能，可以在窗口比例、路径 MTU 发现、纠错和丢失数据恢复机制方面下功夫。

1. 窗口比例（Window Scale）

在 TCP 协议中，最初窗口大小仅为 64KB，这使得网络吞吐量受到限制，因此可以在窗口比例选项中引入比例因子，在很大程度上增加已经发送出去但尚未应答的数据量。这种做法在卫星通信中优势明显，因为卫星链路需要一个大窗口来实现高的数据率。

2. 路径 MTU（Message Transfer Unit）发现

在基于卫星的 TCP 连接传输中，采用尽最大努力交付机制，这样有两个好处：①减少首部负载消耗带宽的部分；②允许在拥塞窗口限制下尽可能传输最大量的数据。不过数据传输过程中，如果所选择的路径对于一个报文段的大小而言太小，则需在传输路径的 IP 层进行数据分割与聚合，并且付出的代价是高昂的。

探测网络路径上最大许可的消息传输单元 MTU 在路径 MTU 发现选项中是被允许的，在这个机制中，发送端 TCP 将通过发送一个报文段探测网络，报文段的大小一般是根据网络情况而定，该报文段处在 IP 协议头中的"don't fragment"位置。若路径相对于该报文段太小,则下行路由器将发送一个 ICMP 信息给 TCP 发送方,发送方将重新发送稍小的探测报文段,具体大小由 ICMP 信息指定。路径 MTU 发现有两个缺陷:一是发现合适的 MTU 过程所产生的延时一般会出现在连接启动的初期;二是使用大的报文段与误码率较高的卫星信道会产生冲突。前者一般可以通过缓存最近使用的 MTU 进行部分消除,后者只能通过提高算法性能进行优化,目前仍在卫星信道上采用路径 MTU 发现技术。

3. 纠错

在高速卫星传输链路上,较小的误比特率都会对 TCP 吞吐量产生比较大的影响。解决方案一般有两个:一个是在卫星信道上采用高级的前向纠错信道编码技术。目前,差错控制编码技术能够使得大多数广播卫星信道相对无差错,不足之处在于,在物理层采用额外的编码技术需要在连接的发送端和接收端均需添加额外的硬件,增大了传输信道的负载。另一个解决方案是 ARQ。链路层重传协议将恢复传输过程中丢失的数据帧,把一个无差错的数据包传输给 IP 层。其缺点是由于在链路层重传发生时,链路层帧将必须在接收端缓存,这将增加分组的抖动,并且链路层重传花费的时间太长会导致 TCP 层的粗粒度的超时。

4. 丢失数据恢复

卫星传输链路丢失数据恢复技术,除了纠错编码技术,NewReno 和 SACK(选择应答)技术对改善卫星 TCP 性能也有帮助,特别针对长文件传输,效果更加明显。TCP Reno 对于一个窗口内发生多个丢失事件不能有效地恢复,如果一个窗口内(同一个 RTT 内)发生多个数据丢失,TCP Reno 仅对第一个丢失报文段进行快速恢复,对于其他报文段需要等待超时。解决这个问题的 TCP 实现称作 NewReno。对于一个 RTT 较大的环境,TCP Reno 和 TCP NewReno 均导致非常慢的恢复过程。称 TCP 选择应答为 TCP SACK,对于 TCP 的标准选项允许接收方在同一时间报告多个丢失报文段。实验表明,TCP SACK 和 TCP NewReno 联合使用会得到较好的数据恢复效果。

7.4 宽带卫星 IP 通信网络中的可靠传输技术

随着我国经济的不断发展,人们的需求也越来越多,对通信技术的要求也越来越高。近年来,宽带卫星通信网络技术逐渐引起人们的重视,宽带卫星通信覆盖全球,无处不在,为人们提供高效的通信服务。相对于传统通信,宽带卫星通信网络技术有独特的优势。因此,积极研究宽带卫星 IP 通信网络中的可靠传输技术是必要的。

7.4.1 宽带卫星通信网络的意义及发展前景

1. 宽带卫星通信网络的意义和现状

随着我国科技的不断进步,通信技术也加快了发展步伐。同时,通信技术的逐渐完善和现代多媒体行业的快速发展为宽带卫星通信的发展提供了强有力的后盾。目前，世界主流国家均注重对宽带卫星通信技术的研究，并且取得了很大的进展。

宽带卫星通信网络具有独特的优势，可以为通信媒体提供良好的通信方式，宽带卫星 IP 通信网络的传输技术使信息传输具有更高的便捷性、高效性和更广的覆盖面，因此，研究宽带卫星 IP 通信网络的传输技术对于通信技术的高效发展具有极其重要的作用。

卫星互联网技术是当今时代发展最快的技术之一。宽带卫星通信系统在远距离传输过程中完美地体现了卫星通信的优势，特别是在人口稀疏地区，并且该系统还提供了多种通信方式，如从话音到图像、从单业务通信到多媒体通信等，而卫星 IP 技术是该系统能够正常运行的必要条件之一，因此宽带卫星 IP 通信网络中的可靠传输技术注定是通信发展的一个重要方向。

2. 宽带卫星通信的前景展望

随着互联网的诞生，宽带卫星通信网络也应运而生，由于卫星通信网络具有远距离传输和覆盖范围广的独特优势，发展态势非常迅猛。面对新兴卫星通信系统的发展，全球通信设施的性能也得到了整体提高。

根据人们的需求、宽带卫星通信的独特优势和卫星通信技术的不断提高，宽带卫星通信技术已经发展成空中独立运行的因特网，并且该网络可以为用户提供高速、稳定、可靠、快捷的传输服务。

7.4.2　宽带卫星 IP 通信网络中的可靠传输技术

卫星 IP 可靠传输技术与基于 IP 的 QoS 管理机制、隧道技术、卫星星座路由技术和卫星网络组播技术四个方面的内容。

1. 物理层技术概述

在物理层，卫星通信技术采用双向通信链路，不仅可以降低运营成本，并且还可以使系统更加灵活。底层协议的选择决定了星间链路数据传输的可靠性，卫星通信传输信息过程中必须明确信息传输的正确性、顺序性，并且避免重复和多余的延迟现象。另一方面，协议的选择还必须考虑数据传输速率、传输距离和传输功率等多个方面的要求。同时，底层协议的选择还决定了宽带卫星网络数据传输的可靠性。

2. 基于 IP 的 QoS 管理机制

基于 IP 的 QoS 管理机制从网络层的角度有两种方法。

(1) 差别服务 (Differentiated Services, DS)，通过配置优先权区分服务质量和服务种类。

(2) 资源预留协议 (Resource Reservation Protocol，RSVP)，依靠信令预留带宽满足一定的服务质量。

3. 隧道技术

隧道(Tunneling)技术是指包括数据封装、传输和解包在内的，通过使用互联网络的基础设施，在网络间传输数据的一种方式。使用隧道技术传递不同协议的数据帧(或包)，在传递过程中，隧道协议将不同的协议的数据帧(或包)重新封装成新的数据包进行发送。在新的包头中提供了路由信息，从而使封装的数据能够通过互联网传递，其传输过程就好像在不同的站点建立了隧道，如图 7-6 所示。

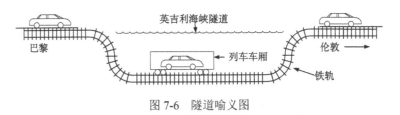

图 7-6　隧道喻义图

通常情况下，隧道技术是在高层(或同等层)分组中携带低层数据。比如，在一个 IPv6 分组中可以携带 IPv4 数据或 IPv6 数据。在封装成新的数据帧(或包)后，在首部协议中使用严格分层的思路，通过隧道的建立，可实现异构网络的融合、隐藏保密网络地址、在 IP 网络传递非 IP 数据包、数据安全传输等功能。为了隧道建立过程中，隧道两端的通信方(客户端和服务器)必须使用相同的隧道协议。

在宽带卫星 IP 网络中，可将隧道技术应用在以下两个方面。

(1)将孤立的地面主机通过卫星接入 Internet 网络(或接入其他孤立的地面主机或网络)。

(2)小型路由器利用隧道技术将自身所在的局域网(LAN)通过卫星接入到地面 Internet 网络(或接入其他孤立的地面主机或网络)。

4. 卫星星座路由技术

卫星星座路由技术与地面网络路由技术有很大不同之处，在地面 Internet 网络的路由协议中，在连接拓扑变化时需要交换全部网络拓扑信息，如开放式最短路径优先 OSPF 和路由信息协议 RIP 等，但是在低轨卫星系统中，拓扑信息的改变太快，不可能做到快速地更新全网信息。

根据卫星星座系统的特点，其拓扑结构的特点可总结如下。

(1)卫星星座运行具有规律性，拓扑结构变化可预知。

(2)利用回归星座时，空间段呈周期变化。

(3)卫星网络中节点的数目相对固定。因此，星座系统的路由虽然变化很快，但是捕捉星座的变化规律却不难。

根据卫星星座特点，目前常用卫星星座路由策略有三种。

(1)动态虚拟拓扑路由，其基本思想是利用星座拓扑的周期性和可预测性来优化路由。

(2)虚拟节点路由，利用星座拓扑变化的规律性来屏蔽卫星的移动性。

(3)基于拓扑变化的策略，需要明确知道卫星拓扑的变化。

5. 卫星网络组播技术

卫星网络组播(Multicast)协议是卫星网络中 IP 层协议，使用的是广播通信技术。目前卫星网络组播覆盖了远程教育、多媒体简报以及远程会议等多个领域。

到目前为止，卫星网络组播是基于无连接的，根据具体业务需求，在组播应用系统中加入必要的控制以提供业务的 QoS 保证，其中包括误码率、安全级别、延迟等参数的控制。

7.5　习　　题

1. 假设 TCP 在卫星链路上实现一个扩展：允许接收窗口远大于 64KB。假设正在使用这个扩展的 TCP 在一条延时为 100ms，带宽 1Gbit/s 的卫星链路上传送一个 10MB 大小的文件，且 TCP 接收窗口为 1MB。如果 TCP 发送的报文段大小为 1KB，无分组丢失的情况下。

(1)当慢启动打开发送窗口的大小达到 1MB 时，经历了多少个 RTT？

(2)发送该文件用多少个 RTT？

(3)如果发送文件的时间由所需的 RTT 数量与链路延时的乘积给出，这次传输的有效吞吐量是多少？链路带宽的利用率是多少？

2. TCP/IP 协议在使用的过程中存在哪些缺点和局限性？

3. 卫星 TCP/IP 协议面临什么问题，有哪些改进方法？

4. 在卫星通信过程中，物理层、网络层和传输层怎样保证信号传输的可靠性？

第8章 卫星通信实际应用案例

卫星通信系统由三部分组成：空间段、地面段、用户段。空间段是指卫星本身及星上设备，其功能是把从地面接收到的电磁波经过放大后再发送出去，在空中起中继站的作用。通常会在卫星设置多个转发器，每个转发器分配不同的频带。地面段由地面卫星控制中心及其跟踪、遥测和指令站组成。用户段是各种类型用户终端的总称。目前，卫星通信一般采用频分多址、时分多址和码分多址技术，频分多址技术是指不同的地球站采用不同载波，即占用不同的频率。时分多址技术是不同地球站占用同一频带不同时隙，与频分多址技术相比，时分多址技术一般不会产生互调干扰。码分多址技术采用频谱扩展技术，具有较强的抗干扰能力和较好的保密通信能力。根据不同的用户需求可以选择不同的多址方式。

未来卫星通信系统将向智能化、多元化、广覆盖、大容量方向发展，将与 IP 技术完美融合，提供多媒体通信和因特网接入；同步轨道卫星通信将向大容量、智能化、多波束方向发展；低轨卫星群与地面通信网络融合，实现个人通信的全球化；微小卫星和纳卫星被广泛使用，主要用于数据存储转发和星间组网。

卫星通信具有广阔的应用前景，如在应急指挥通信、军事通信等领域，下面介绍具体应用。

8.1 基于卫星网络的应急指挥通信车系统

8.1.1 系统组成

应急指挥通信车能够迅速将事件发生现场的情况反馈到固定指挥中心，是固定指挥中心的扩展和延伸。可以作为突发事件应急通信指挥中心，为现场各项业务提供通信支持，是突发事件迅速做出决策的基石。应急指挥通信车的应用可以提高突发事件的处理能力。

海事(北斗)卫星网络应急指挥通信车系统是指基于海事卫星系统或北斗卫星系统的应急指挥通信车搭载的软硬件系统的总称，一般包括：海事(北斗)卫星通信系统、摄像机设备、无线媒体服务器、车载供配电系统和车载卫星通信系统等，如图 8-1 所示。

8.1.2 主要功能

应急指挥通信车系统的主要功能包括视频监控、视频录像、语音通信、定位、无线网络接入传输，对音视频资源及数据资源的录制存储、检索、调用、回放，流媒体转发，用户及权限管理等。

(1)视频监控功能：通过应急指挥通信车系统，监控中心可以和应急指挥车进行双向音频对讲，实时浏览图像。其他用户可以使用终端，并根据权限进行相应的操作。

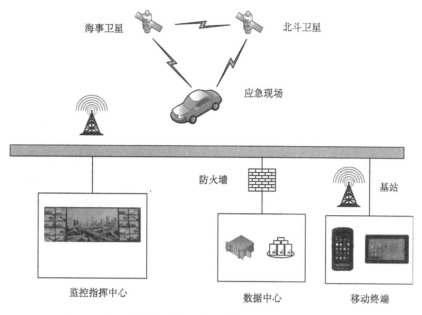

图 8-1　基于海事(北斗)卫星网络的应急指挥通信车系统

(2)视频录像功能：通过应急指挥通信车系统，监控中心可以利用存储服务器对现场视频集中录像；并能通过计算机监控终端录像。

(3)定位功能：通过应急指挥通信车系统，实现车辆或人员定位，实时显示状态信息(如经度、纬度、方向、速度、时间等)，并能查询和回放历史轨迹。

(4)流媒体转发功能：通过应急指挥通信车系统完成音视频转发。

(5)用户及权限管理功能：应急指挥通信车系统提供多级用户分层管理架构，根据权限共享不同资源，系统会根据用户权限级别提供不同的操作权限。

8.1.3　主要设备

基于卫星网络的应急指挥通信车系统主要设备包括车载卫星通信系统、倒伏器、平板电脑、车载高清摄像机、无线 4G 高清流媒体服务器和车载供配电系统等。

1. 车载卫星通信系统

车载卫星通信系统是应急指挥车接入卫星系统的接口，如采用海事卫星 BANG/TT-727 车载卫星终端，是移动卫星宽带通信技术的突破，允许语音和数据接入，如图 8-2 所示。TT-727 天线安装易于操作，可简单安装在车顶上，通过该天线可与卫星建立宽带通信链路。TT-727 车载卫星终端还可以提供快捷可靠的移动通信解决方案，适用于野外偏远地区军事行动、远程医疗、视频会议、互联网接入、现场直播等。

2. 倒伏器

倒伏器是控制车载天线的倒伏和竖直，主要解决通信车在通过涵洞、车库或立交桥等障碍物时因超高易被撞坏。倒伏器可以极大地提高应急指挥通信车行进速度和效率，如图 8-3 所示。

图 8-2　海事卫星 BGAN/TT-727 车载卫星终端　　　　图 8-3　倒伏器

3. 无线高清流媒体服务器

在应急救援指挥、抢险救援中常使用无线高清流媒体服务器，特别是视频监控和调度指挥功能是需要重点强调的。

无线高清流媒体服务器传输方式有很多，如无线 WiFi、有线网络、卫星网络等。无线高清流媒体服务器通过一种或多种通信方式与指挥中心进行信息传输或上传现场视频图像，如图 8-4 所示。通过该通信方式可以使得现场信息及时得到反馈，问题及时得到解决，有效地增强了处理紧急事件的能力。

图 8-4　无线 4G 高清流媒体服务器

无线高清流媒体服务器还可以根据具体使用场景有针对性地进行开发，车载设计完全适用于在突发性事件的处理工作，如现场的应急保卫、应急救援、移动监控等活动。

4. 车载供配电系统

对于先进稳定的卫星网络的应急指挥通信车系统，车载供配电系统是必须要求的，在应急指挥通信车系统工作过程中，车载供配电系统通过配备车载电瓶解决设备的用电问题。在车载供配电系统中还配有发电机和锂电池组电源，一般使用发电机进行供电，锂电池组电源解决发电机组不能发电情况下的供电问题。全车配电的设计符合公安部 GA/T 528—2005 标准。

8.2　习　　题

1. 应急指挥通信车系统的主要功能有哪些？

2. 应急指挥通信车系统主要设备有哪些，各设备的功能分别是什么？

参 考 文 献

陈振国, 杨鸿文, 郭文彬, 等, 2003. 卫星通信系统与技术. 北京: 北京邮电大学出版社.

丹尼尔·米诺利, 2019. 卫星通信系统与技术创新. 王敏译. 北京: 中国宇航出版社.

樊昌信, 曹丽娜, 2013. 通信原理. 7 版. 北京: 国防工业出版社.

郭庆, 王振永, 顾学脉, 2010. 卫星通信系统. 北京: 电子工业出版社.

韩松, 邓迎春, 2000. 卫星 TCP/IP 数据传输技术. 现代电信科技, (2): 11-15.

林淑鲜, 朱立东, 2013. Ka 波段雨衰减时间序列的合成及性能仿真. 计算机仿真, (3): 188-191.

刘杰, 2008. 卫星跟踪技术. 广播与电视技术, (8): 140-142.

刘悦, 廖春发, 2016. 国外新兴卫星互联网星座的发展. 科技导报, 34(7): 139-147.

陆征, 2014. 中国卫星通信发展之路. 国际太空, (422): 1-6.

吕海寰, 蔡剑铭, 甘仲民, 等, 1999. 卫星通信系统. 北京: 人民邮电出版社.

孟国杰, 2016. 宽带卫星 IP 通信网络中的可靠传输技术. 电子技术与软件工程, (13): 32.

裴斗生, 2000. 卫星地球站站址选择. 当代通信, (8): 52-54.

PRATT T, BOSTIAN C, ALLNUTT, 2005. 卫星通信. 甘良才, 等译. 北京: 电子工业出版社.

全庆一, 廖建新, 于玲, 等, 2000. 卫星移动通信. 北京: 北京邮电大学出版社.

RODDY D, 2011. 卫星通信. 4 版. 郑宝玉, 等译. 北京: 机械工业出版社.

王秉钧, 1998. VSAT 卫星通信工程. 北京: 中国铁道出版社.

王秉钧, 2004. 现代卫星通信系统. 北京: 电子工业出版社.

王丽娜, 2014. 卫星通信系统. 2 版. 北京: 国防工业出版社.

王雅慧, 况鸿凤, 朱立东, 2017. 中轨卫星星座系统容量分析. 通信学报, 38(S1): 193-199.

王雅慧, 朱立东, 2018. Lutz 信道模型下卫星 CDMA 系统的容量分析. 无线电通信技术, 44(1): 19-23.

徐慨, 鲍凯, 何爱林, 2013. 卫星通信点波束覆盖算法研究. 舰船电子对抗, 36(2): 66-68.

徐年, 章熙海, 高飞, 等, 2015. 地震应急指挥车现场应急通信技术系统的设计与实现. 智能计算机与应用, 5(1): 5-8.

杨征, 吴玲达, 2005. 卫星链路上 TCP 改进研究综述. 2005 中国计算机大会(CNCC'2005): 11-22.

张大力, 2015. 基于 STK 软件的北斗导航卫星轨道模拟. 测绘工程, 24(7): 10-19.

张更新, 1996. VSAT 卫星通信网总体设计、选型及有关问题的探讨. 电信科学, 12(9): 53-60.

张更新, 2009. 现代小卫星及其应用. 北京: 人民邮电出版社.

张更新, 张杭, 2001. 卫星移动通信系统. 北京: 人民邮电出版社.

张洪太, 王敏, 崔万照, 2018. 卫星通信技术. 北京: 北京理工大学出版社.

张俊祥, 2012. 卫星通信发展展望. 无线电通信技术, (4): 1-4.

张威, 张更新, 苟亮, 2016. 空间信息网络中的星座设计方法研究. 中兴通讯技术, 22(4): 19-45.

周俊宏, 雷雨, 周朝勋, 2017. 基于 TCP 的卫星链路性能分析与改进策略. 数字通信世界, (9): 77-78.

朱立东, 吴廷勇, 卓永宁, 2015. 卫星通信导论. 4 版. 北京: 电子工业出版社.

朱析, 李庆, 朱立东, 等, 2009. 基于信道特性的低轨卫星切换性能研究. 空间电子技术, 6(2): 8-12, 23.

CORAZZA G E, VATALARO F, 1994. A statistical model for land mobile satellite channels and its application to nongeostationary orbit systems. IEEE Trans. V. T, 43(3): 738-742.

ELBERT B R, 2004. The satellite communication applications handbook. 2nd ed. Boston: Artech House.

LIDA T, et al, 2000. Satellite communications: system and its design technology. Tokyo: Ohmsha,

Amsterdam: IOS Press.

KADISH J E, EAST T W R, 2000. Satellite communications fundamentals. Boston: Artech House.

KOLAWOLE M O, 2002. Satellite communication engineering. New York : Marcel Dekker, Inc.

LOO C, 1985. A statistical model for a land mobile satellite link. IEEE Trans. V. T, 34(3): 122-127.

LUTZ E, CYGAN D, DIPPOLD M, et al, 1991. The land mobile satellite communication channel-recording, statistical, and channel model. IEEE Tram. V. T, 40(2): 375-385.

LUTZ E, WERNER M, JAHN A, 2000. Satellite systems for personal and broadband communication. Berlin: Springer-Verlag.

PRATT T, BOSTIAN C, ALLNUTT J, 2003, 卫星通信. 2 版. 北京: 电子工业出版社.

RODDY D, 2001. Satellite communications. 3rd ed. New York: McGraw-hill professional.

SHERIFF R E, HU Y F, 2001. Mobile Satellite Communication Networks. Manhattan : John Wiley & Sons.

ZHANG Y, ZHU L D, JIANG S Y, 2017. A power reduction method for pilot channel of LEO satellite based on dynamic compensation. China Communications, 14(3): 55-65.